Mehmet Burak Bilgin

Kaynak İşlerinde Güvenlik ve Sağlık Sorunları

Mehmet Burak Bilgin

# Kaynak İşlerinde Güvenlik ve Sağlık Sorunları

Türkiye Alim Kitapları

**Impressum / Yayınevi adı**
Bibliografische Information der Deutschen Nationalbibliothek: Die Deutsche Nationalbibliothek verzeichnet diese Publikation in der Deutschen Nationalbibliografie; detaillierte bibliografische Daten sind im Internet über http://dnb.d-nb.de abrufbar.


Deutsche Nationalbibliothek tarafından yayınlanan bibliyografik bilgiler: Deutsche Nationalbibliothek, bu yayını Deutsche Nationalbibliografie'de listeler; detaylı bibliyografik bilgi İnternet'te http://dnb.d-nb.de sitesinde mevcuttur.


Coverbild / Kitap kapağı resmi: www.ingimage.com

Verlag / Yayıncı:
Türkiye Alim Kitapları
ist ein Imprint der / yayınevinin bir ticari markasıdır
OmniScriptum GmbH & Co. KG
Heinrich-Böcking-Str. 6-8, 66121 Saarbrücken, Deutschland / Almanya
Email / E-posta: info@turkiye-alim-kitaplary.com

Herstellung: siehe letzte Seite /
Basım yeri: son sayfaya bakın
**ISBN: 978-3-639-67177-3**

# KAYNAK İŞLERİNDE GÜVENLİK ve SAĞLIK SORUNLARI

**Mehmet Burak BİLGİN**

# ÖZET

Kaynak işlemlerinin yapılması sırasında pek çok tehlikelerle karşılaşılmaktadır. Bu tehlikelerin bir kısmı kaynak atölyelerinde gerekli tedbirlerin alınmaması nedeniyle, bir kısmı da kaynakçıların kişisel tedbirsizlik ve mesleki bilgi eksikliklerinden meydana gelmektedir.

Kaynak işlemleri sırasında ciddi güvenlik ve sağlık sorunlarının meydana gelmemesi için tecrübelerle elde edilmiş olan emniyet tedbirlerinin uygulanmasına ve tedbirlerin uygulanması sırasında sürekliliğin sağlanmasına dikkat edilmelidir. Eğer emniyet önlemleri sadece arada, sırada uygulanmaya çalışılır ve devamlı olarak bir istikrar sağlanmazsa çalışanlar için herhangi bir faydası olmayacaktır.

Yedi bölümden oluşan bu çalışmada, kaynak işlemleri sırasında meydana gelebilecek tehlikelerin neler olduğu, nasıl meydana geldiği ve nasıl önlenmesi gerektiği anlatılmaya çalışılmıştır. Birinci bölümde kaynak işlerinde karşılaşılan sağlık ve güvenlik sorunları ile ilgili konuya genel bir giriş yapılmıştır. İkinci bölümde, kaynak işlerinde duman ve gazların oluşumu, bu duman ve gazların insan sağlığı üzerindeki etkileri ve alınabilecek önlemler belirtilmiştir. Üçüncü bölümde kaynak işlerinde meydana gelebilecek elektrik tehlikeleri ve alınabilecek önlemler belirtilmiştir. Dördüncü bölümde kaynak işlerinde yangın ve patlamaların nasıl meydana gelebileceği ve alınabilecek önlemlerden bahsedilmiştir. Beşinci bölümde kaynak işlerinde karşılaşılabilecek diğer tehlikeler ve bunlara karşı alınabilecek önlemler anlatılmıştır. Altıncı bölümde ise kaynak ve bağlı proseslerde sağlık ve güvenlik ile ilgili standartlar açıklanmıştır. Yedinci bölümde ise elde edilen sonuçlar ve konuyla ilgili öneriler sunulmuştur.

Kaynak işlerinde kullanılması gereken koruyucu donanımlar EN 169, EN 175, EN 470-1, EN 1598, TS 6859, TS 7306'da belirtilen şartlara uygun özelliklerde imal edilmiş olmalıdır.

# ABSTRACT

There have been many problems during welding prosesses. Some of these problems originate from workshop, and the others originate from lack of knowledge and precuation of welders.

It has to be noticed to safety measures and continuousness of these safety measures that have been considered by experience not to occur any serious safety and health problems during welding prosesses. If the safety measures seldom carried out and any stabilization could not be ensured than there would not be any advantage for welders.

What the dangers in the welding prosesses are, how they occur and how to prevent them have mentioned in this work which was made up of seven parts. In the first part a general introduction has been made about health and safety problems in the welding prosesses. Fumes and gases in the welding prosesses and their effects on human health and how to prevent them have been mentioned in the second part. What the electrical hazards are in the welding prosesses and how they can be prevented have been mentioned in the third part. How fire and explosions can occur in the welding prosesses and how they can be prevented have been mentioned in the fourth part. What the other dangers are in the welding prosesses and how the precuations can be taken against to them have been mentioned in the fifth part. What the standarts are about health and safety in the welding and allied prosesses have been mentioned in the sixth part. In the seventh part the results obtained and suggestions on this subject have been presented.

Protective equipments which should have been used in welding prosesses must be producted suitable for standarts in EN 169, EN 175, EN 470-1, EN 1598, TS 6859, TS 7306.

# İÇİNDEKİLER

# ŞEKİLLER DİZİNİ

# ÇİZELGELER DİZİNİ

# SİMGELER DİZİNİ

| | |
|---|---|
| **ppm** | : Parts per million (milyonda bir parça) |
| **C** | : İşyeri atmosferinde ölçümü yapılan her bir kimyasalın konsantrasyonu |
| **G** | : Ölçümü yapılan kimyasalın eşik değeri |
| **DC** | : Doğru akım |
| **AC** | : Alternatif akım |
| **UV** | : Ultraviyole |
| **dB** | : Decibell |
| **pH** | : Sertlik değeri |
| $\tau(\lambda)$ | : Mor ötesi ışınların geçirgenliği |
| $\tau_V$ | : Görünür ışınların geçirgenliği |
| $\tau A$ | : Kızıl ötesi ışınların maksimum ortalaması |
| **q** | : Asetilen debisi (l/h) |
| ***Ȧ*** | : Ângstrom (dalgaboyu) |

# 1. GİRİŞ

Ülkemizde çalışma koşullan incelendiği zaman, güvenli ve sağlıklı bir iş ortamı oluşturulması açısından konuya gereken önemin verilmemesi sonucunda her yıl çok sayıda çalışanın iş kazalarında yaralandığı, sakat kaldığı veya yaşamım yitirdiği görülmektedir. Çalışma yaşamının olumsuz koşullan ve kişisel hatalardan kaynaklanan iş kazaları, meslek hastalıkları, yaralanma ve sakatlanmalar nedeniyle bir taraftan ülke ekonomisi büyük zarara uğrarken, diğer taraftan çalışamayacak derecede sakat kalmış insanlar açısından toplumsal ve ailesel sorunlar meydana gelmektedir. Bu tür istenmeyen olayların meydana gelmemesi için çalışma koşullarının iyileştirilmesi ve bireysel hataların en aza indirilmesi gerekmektedir.

Kaynak işlerinde güvenlik ve sağlık konusu açısından karşılaşılan eksiklik ve tehlikeli durumlar incelendiğinde problemlerin başında kaynak atölyelerindeki çalışma alanında alınması gereken önlemlerin yetersiz olduğu görülmektedir. Birçok kaynak atölyesinin henüz istenilen standartta olmadığı bilinmektedir. Hatta bazı atölyelerde hiçbir tedbir alınmadan kaynak işlemleri yapılmaktadır.

Çalışma alanında yeterli emniyet tedbirlerinin alınmaması sadece ihmal ve bilgisizlikten değil, iş yeri sahibinin mali olarak emniyet tedbirleri almanın gereksiz olduğuna inanmasından da kaynaklanmaktadır.

Ancak burada herkesin dikkat etmesi gereken ve gelişmiş ülkelerle gelişmemiş ülkeler arasındaki en önemli fark, hiçbir şeyin insan hayatına verilmesi gereken değerden daha önemli olamayacağı gerçeğidir.

İlave olarak kaynak işinde çalışan kişilerin mesleki bilgi ve görgülerinin artırılması, emniyet ve sağlık kurallarına uymalarının sağlanması, işyeri sahibinin sorumlulukları içerisindedir.

Kaynak işleri koruyucu teçhizat kullanılmadıkça ve işlem esnasında uyulması gereken kurallara dikkat edilmediği müddetçe her zaman üzücü kazalara sebebiyet verecektir. Dolayısıyla konu içerisinde, hem kaynak işinde çalışan kişilerin, hem de iş yeri sahiplerinin bilmesi ve uygulaması gereken birtakım kurallar ve tedbirler anlatılacaktır.

Çalışma içerisinde kaynak işlerinde karşılaşılabilen tehlikeler bir sıra dâhilinde önce genel olarak işlendikten sonra çeşitli kaynak işlemleri için meydana gelebilecek özel durumlar ayrıca belirtilmiştir.

Kaynak işlerinde karşılaşılan tehlikeler genel olarak şu şekilde karşımıza çıkmaktadır;

- Duman ve gaz tehlikeleri
- Elektrik tehlikeleri
- Yangın ve patlama tehlikeleri
- Kapalı ortamda kaynak tehlikeleri
- Yanık tehlikeleri
- Gürültü tehlikeleri
- Ergonomik tehlikeler
- Mekanik tehlikeler
- Düşme tehlikeleri
- Kontakt lens kullanımında tehlike
- Kalp pili kullanımında tehlike

Tehlikelerin hepsinin, her kaynak işleminde meydana gelebileceğini düşünmek doğru olmaz. Her kaynak işleminde kullanılan malzeme, çalışma şekli ve çalışma alanı farklılık gösterdikçe meydana gelebilecek tehlikeler de farklılık gösterecektir.

Bir örnek vermek gerekirse oksi-asetilen kaynağı yaparken elektrik şokuna maruz kalma riskinden tabi ki bahsedilemez.

Yine kaynak işlerinde çalışanlar tehlikelere aynı ölçüde maruz kalmayabilirler. Örnek olarak, kaynak noktasına çok eğilen kaynakçının çıkan duman ve gazlara, maruz kalma riski ile kaynak noktasından uzak duran kaynakçının maruz kalma riski arasında da muhakkak fark vardır.

Çalışma, içerisinde üzerinde durulan ve tehlikelerin meydana geldiği kaynak yöntemleri sırasıyla aşağıda belirtilmiştir:

- Oksi-asetilen kaynağı
- Örtülü elektrot kaynağı
- Tozaltı kaynağı
- Gazaltı kaynağı
- Elektron ışını kaynağı
- Plazma kaynağı
- Elektrik direnç kaynağı
- Elektrocüruf kaynağı
- Laser ışını kaynağı

Kaynak işleriyle uğraşan kişilerin tüm kaynak yöntemlerinde karşılaşılabilecek tehlikeleri bilmelerine hem imkân hem de gerek yoktur. Fakat en azından kendi uğraş alanlarındaki kaynak yöntemlerinde karşılaşabilecekleri tehlikeleri ve alınması gereken tedbirleri bilmeleri, kendileri ve çevredeki diğer çalışanların sağlık ve emniyetleri açısından çok önemlidir.

# 2. KAYNAK İŞLERİNDE MEYDANA GELEN DUMAN ve GAZLAR

## 2.1 Duman ve Gazlar

### 2.1.1 Partikül Duman Oluşumu

Dumanlar, kaynak sarf malzemeleri, ana metal ve ana metal üzerinde bulunan tabakalardan herhangi birinden meydana gelen katı partiküller(tanecikler)dir. Kaynak işlemi sırasında ark, kaynak işlemine tabi tutulan malzemenin ısınmasına ve hatta yanmasına sebep olmaktadır. Bu işlem sırasında veya yakın çevredeki radyasyon işleminin etkileri tarafından duman ve gözle görülmeyen gazlar ortaya çıkmaktadır. Ayrıca bazı kaynak İşlemlerinde kullanılan koruyucu gaz, örneğin argon, havaya karışmaktadır.

Partikül dumanın %90'ndan fazlası ergiyen elektrot, tel veya çubuğun buharlaşmasıyla, ark boyunca madde transfer edilirken oluşur (TWI, Part 30, 2000).

Duman ve gazların miktar ve bileşenlerini etkileyen faktörler şunlardır:

- Kaynak prosesinin tipi,
- Kaynağın yapılabilmesi,
- Metal kaplamaların varlığı,
- Kaynak sarf malzemeleri,
- Koruyucu gaz bileşimi,

Partiküllerin solunabilen bölümleri (özellikle 3jım'den daha küçük olanlar) akciğerlerin en iç kısımlarına kadar nüfuz ederek potansiyel olarak çok daha zararlı olabilirler.

Kaynak dumanı partikül boyutlarının, diğer benzer tip toz ve dumanlarla karşılaştırılması şekil 2.1'de gösterilmiştir.

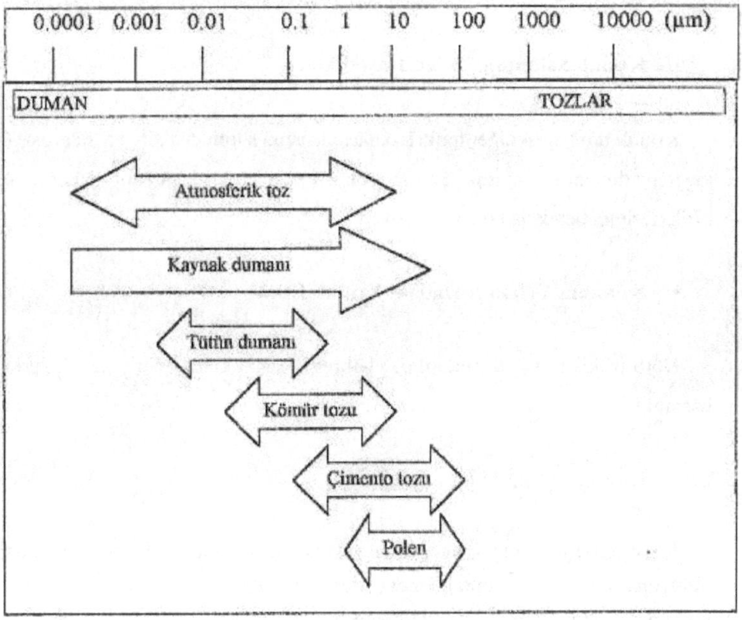


**Şekil 2.1:** Çeşitli tip toz ve dumanlarda partikül boyutları.

### 2.1.2 Duman ve Gazların İnsan Sağlığına Etkileri

Duman ve gazların insan sağlığına çeşitli etkileri mevcuttur. Özellikle solunum yollarım etkileyen duman ve gazların meydana getirdiği etkileri beş kategoride incelemek mümkündür (Gary, 1996):

- **Akut Etkiler**

Akut bronşit, zatürre ve zehirlenmeler, metal duman ateşi, akciğer fonksiyonlarında kısa süreli değişimler, astım. Metal duman ateşi çinko ve bakır gibi metal oksitlerin solunumu neticesinde ortaya çıkan gribe benzer bir hastalıktır; en çok galvanizli saç kaynağında ortaya çıkar. Belirtileri; maruz kalmadan birkaç saat sonraki susuzluk, öksürük, baş ağrısı, soğuk terleme, kol ve bacak eklemlerinde ağrı ve ateşle birlikte başlar. Maruz kalma ortamından uzaklaştıktan sonra 1-2 gün içerisinde devam eden hiçbir etkisi kalmadan tamamen iyileşme meydana gelir.

- **Kronik Solunum Yollan Hastalıkları**

Kronik bronşit, akciğer fonksiyonlarında uzun süreli değişimler, siderosis (uzun süre kaynak dumanına maruz kalma sonucu akciğerlerde demir parçası tortusunun birikmesiyle meydana gelen hastalık),

- **Solunum Yollan Dışındaki Kronik Etkiler**

Nöro-psikiyatrik semptomlar, böbrek hastalıkları, cilt hastalıkları, ürolojik hastalıklar.

- **Kanser**

Kaynakçıların akciğer kanserine yakalanma riskinin, ortalamanın biraz üzerinde olduğuna dair bazı kanıtlar mevcuttur. Şu ana kadar henüz kesin bir bağlantı kurulamamasına rağmen, hassas bir önlem ve riski minimize etmek için, dumanların kontrol edilmesi özel bir itina gerektirmektedir.

- **Diğer Etkiler**

Malzemeye bağlı olarak gözlerde, deride ve solunum sisteminde tahriş, bulantı, baş ağrısı ve baş dönmesi (AWS, Sheet No. l, 1995).

### 2.1.3 Duman ve Gazlardan Etkilenme Risk Derecesi

Birçok gaz ve ark kaynak yöntemleri için, kaynağa yakın civardaki duman konsantrasyonu maruz kalma limitlerinin çok üstündedir. Fakat kaynakçılar aym yöntemi kullansalar bile dumanın değişik seviyelerine maruz kalabilirler. Bu nedenle, her faaliyet için bazen risklerin tek tek değerlendirilmesi gerekebilir. Genel olarak duman ve gazlara maruz kalmayı etkileyen faktörler şunlardır (TWI, Part 32, 1999):

- **Kaynak pozisyonu**

Kaynak pozisyonu (dikey, yatay ve baş üstü) ve kaynakçının duman merkezine yakınlığı maruz kalmayı etkiler. Genellikle yatay pozisyonda kaynakçı doğal olarak iş parçasına doğru eğilmekte ve solunum bölgesinde dumanın en yüksek seviyelerine maruz kalmaktadır. Kaynakçı, başım duman merkezinden uzak tutacak bir çalışma pozisyonuna adapte olmalıdır.

- **Yerleşme ve çalışma ortamı tipi**

Büyük bir atölyede veya açık havada yapılan kaynak, duman ve gaz oluşumunu önler. Bununla birlikte, küçük bir atölyede duman kolay yayılmayacak ve kaynakçı ortalamanın üzerinde dumana maruz kalacaktır,

- **Maruz kalma süresi**

Kaynakçılar için, sekiz saatlik çalışma süresi içerisinde meydana gelen konsantrasyona uzun veya kısa süreli olarak maruz kalma önem kazanır. Ark periyodu boyunca duman çoğunlukla, aralıklı olacaktır. Ark periyotları arasında nispeten küçük süreler için konsantrasyona maruz kalınır. Ancak bu diğer kaynakçıların davranışları, kontrol ölçümlerinin etkinliği ve genel havalandırma tarafından etkilenmektedir. Üstelik ark süresi ve durma süresi teknolojik gelişmelerle günden güne değişebilmektedir.

### 2.1.4 Eşik Değer Kavramı

Birçok kimyasal madde, insanlar üzerinde çeşitli olumsuz etkilere neden olur. Bu zararlı etkileri azaltmak için her bir kimyasal madde için zehirlilik ve eşik değer belirleme çalışmaları yapılmaktadır.

Eşik değer, solunum yapılan ortamda süreye bağlı olarak müsaade edilen en yüksek kimyasal konsantrasyon değerleridir. Bu değerlerin altına inildikçe etkilenme de azalacaktır. Ancak bu değerler tehlike ile tehlikesizlik arasında kesin sınır olarak alınmamalıdır (Turhan, 1996).

Üç tip eşik değerden söz edilebilir: Ortalama Konsantrasyon Limiti (OKL), Eşik Limit Değeri (ELD), Kısa Süreli Maruz Kalma Limiti (KML). Bunlar mg/m$^3$, ml/m$^3$ veya ppm (parts per million) olarak ağırlıkça veya hacimce konsantrasyonları gösterir,

- **Ortalama Konsantrasyon Limiti (OKL)**

Günlük 8 saat, haftalık 40 saatlik bir çalışma dönemi için çalışanlar üzerinde hiçbir olumsuz etki yaratmayacağı kabul edilen en yüksek konsantrasyondur.

- **Eşik Değer Limiti (EDL)**

Hiçbir zaman aşılmasına izin verilmeyen ve çabuk yapılması gereken işlerde, en fazla 15 dakika, izin verilebilen maksimum konsantrasyondur.

- **Kısa Süreli Maruz Kalma Limiti (KML)**

Günlük 8 saatlik çalışma döneminde her biri en fazla 15 dakika süren ve her çalışma arasında en az bir saatlik süre bulunan ve en fazla 4 kez tekrarlanabilen çalışmalar için izin verilen en yüksek konsantrasyondur.

Çalışmanın yapıldığı ortam havasının kalitesinin belirlenmesi ile buna uygun ve yeterli havalandırma, sisteminin tasarımlandırılmasında eşik değerlerinin belirlenmesi önemli bir yer tutar. İyi bir havalandırma sisteminin yapılmasında ana hedef çalışma ortamı havasındaki kirleticilerin (zararlı kimyasalların) miktarım eşik değerinin altına düşürmektir.

Çalışma ortamında yapılan ölçüm sonuçlarım doğru değerlendirebilmek için ortam atmosferinde çeşitli kimyasalların bulunduğunu göz ardı etmemek gerekir. Bunun için (2.1) eşitliğinden yararlanılır:

$$\frac{C1}{G1}+\frac{C2}{G2}+\frac{C3}{G3}+\cdots=1 \qquad (2.1)$$

Cl, C2, C3,...: İşyeri atmosferinde ölçümü yapılan her bir kimyasalın konsantrasyonu,
Gl, G2, G3,..: Ölçümü yapılan kimyasalın eşik değeri.

Çalışma ortamının insan sağlığı açısından risksiz olabilmesi için solunum düzeyinde alman ölçüm sonuçlarının eşik değerlerine bölümlerinin toplamı 1 den az olmalıdır.

### 2.1.5 Maksimum İşyeri Konsantrasyonu (MİK)

Maksimum işyeri konsantrasyonu (MİK), kaynak anında işin yapılmakta olduğu yerde veya atölyede oluşabilecek tehlikeli gaz ve dumanların solunan havada bulunmalarının sağlığa zararlı olmayan azami miktarlarıdır. Farklı kaynak yöntemleri, farklı bileşimlerde ve farklı miktarlarda gaz ve duman oluşturmaktadırlar. Bunlardan en yaygın kullanım alanı olanları ele almakta yarar vardır. Bazı madde ve bileşiklere ait maksimum işyeri konsantrasyonu (MİK) çizelge 2,1'de verilmiştir. Ortamdaki toplam duman miktarının 20mg/$m^3$'ü aşmamasına özen gösterilmelidir (Kaluç, 1991). Eşik değer ile MİK arasında bir ilişki dikkat çekmektedir. Eşik değerde, konsantrasyonların çalışma süresi ile ilgili maruz kalma limitleri önem kazanırken, maksimum işyeri konsantrasyonunda eşik değerden farklı olarak bir kaynak çalışma alanında bulunabilecek konsantrasyonun genel olarak toplamı ifade edilir.

**Çizelge 2.1:** Kaynak anında işyeri atmosferinde bulunan maddelere ait maksimum işyeri konsantrasyonu (MİK) değerleri (Kaluç, 1991)

| Madde | Formül | ppm | mg/m³ | Maddenin Kökeni | | | | | Oluşturduğu Hasar | | | | | | | | | | |
|---|---|---|---|---|---|---|---|---|---|---|---|---|---|---|---|---|---|---|---|
| | | | | Esas metalden | Alaşım Elementinden | Koruyucu tabakadan | Örtü, öz, dekopandan | Gaz, hava | Ateş yükselmesi | Burun ve geniz tahrişi | Solunum org tahrişi | Mide tahrişi | Cilt tahrişi | Akciğer iltihabı | Sinir sis. bozulması | Kemik tahribatı | Şişlik, çıban vb tahriş | Zehirlenme | Bilinen bir etkisi yok |
| Alüminyum Oksit, | $Al_2O_3$ | | 8 | X | X | | | | (X) | | X | | | | | | | | |
| Berilyum ve Berilyum Bileşikleri | Be | | 0,002[2)] | | X | | | | X | | | | | | | | X | X | |
| Kurşun | Pb | | 0,1 | X | | X | | | | | | | | | | X | | X | |
| Kadmiyum Oksit | CdO | | 0,05 | | X | X | | | | | | | | | | | (X) | X | |
| Krom oksit | $CrO_3$ | | 0,1 | | X | X | | | | X | X | | X | | | | (X) | | |
| Demir oksit | $Fe_2O_3$ | | 8 | X | X | X | | | | X | X | X | | 1) | | | | | |
| Flor | $F_2$ | | 2,5 | | | | X | | | X | X | | | | | X | | | |
| Kalsiyum Oksit | CaO | | 5 | | | | X | | | X | X | | | | | | | | |
| Karbon Monoksit | CO | 30 | 33 | | | | X | X | | | | | | | | | | X | |
| Karbon Dioksit | $CO_2$ | 5000 | 9000 | | | | X | X | | | | | | | | | | | |
| Bakır (Buhar) | Cu | | 0,1 | X | X | X | | | X | | X | | | | | | | | |
| Magnezyum Oksit | MgO | | 8 | X | X | | | | (X) | | | X | | | | | | | |
| Mangan. (Oksit) | Mn | | 5 | | X | | | | | X | | | | X | X | | | | |
| Molibden Bileşikleri | Mo | | 5 | X | X | | | | | | | | | | | | | | X |
| Nikel (Toz, oksit) | Ni | | 0,5[2)] | X | X | X | | | X | | | | | | | | X | | |
| Nikotin[3] | $C_{10}H_{14}N_2$ | 0,07 | 0,5 | | | | | | | X | X | X | | | | | X | | |
| Ozon | $O_3$ | 0,1 | 0,2 | | | | | X | | X | | | | | | | | | |
| Fosgen | $COCl_2$ | 0,1 | 0,4 | | | | | X | | | X | | | | | | | X | |
| Azot Dioksit | $NO_2$ | 5 | 9 | | | | | X | | | | | | | | | | X | |
| Titanyum Dioksit | $TiO_2$ | | 8 | X | X | | X | | | | | | | | | | | | X |
| Vanadyum Oksit | $V_2O_5$ | | 0,1 | | X | | | | | X | | | | X | X | | | | |
| Çinko oksit (Buhar) | ZnO | | 5 | X | X | X | | | X | | X | X | | | | | | | |
| Çinko kromat | $ZnCrO_4$ | | 0,1[2)] | | | X | | | | X | X | X | | | | | X | | |
| Zirkonyum Bileşikleri | Zr | | 5 | X | X | | | | | | | | | | | | X | | |

1) Akciğerde demir tozu birikmesi
2) Bu değerler resmi olmayan sonuçlara göre saptanmıştır.
3) Sadece mukayese amacıyla verilmiştir.

### 2.1.6 Çeşitli Hava Kirleticilerin Etkileri

Kaynak yaparken solunum yapılan havayı tehlikeli hale getiren duman ve gazlar hava kirletici olarak adlandırılır ve eşik değerlerinin üzerine çıkmalarına müsaade edilmemelidir.

Bazı hava kirleticiler, kısa sürede rahatsızlıklara neden olurken; bir kısmı da uzun sürelerde etkisini gösterir. Ancak, çeşitli kirleticilerin birleşmesiyle tehlikenin artmasının kaçınılmaz olduğu muhakkaktır. Buna sineıjik etki denir.

Hava kirleticilerin etkileri ve eşik değerleri metal oksit dumanında bulunan bazı maddeler ve gazlar olarak iki bölümde incelenebilir:

**a) Metal Oksit Dumanında Bulunan Bazı Maddelerin Etkileri**

Kaynak metal oksit dumanı içindeki partiküllerin çoğu 0,5 µm'den küçüktür. Bu nedenle partiküller akciğerlere kadar ulaşabilir ve bazı kronik solunum hastalıklarına yol açabilirler (Turhan, 1996). Kaynak işlemi sırasında oluşan metal oksit dumanında bulunan ve en çok bilinen bazı kimyasal maddeler ve insan sağlığı üzerindeki etkileri aşağıda verilmiştir:

- **BARYUM, Ba:** Birçok ülkede baryum için ELD verilmemiştir (OKL-0,5 $mg/m^3$ ). Baryum oksit içeren dumanın solunması sonucu solunum yollarında tahrişler görülür, Ayrıca baş dönmesi, kusma, ishal, karın ağrısı, kalp rahatsızlıkları ve kramplar görülebilir.

- **BERİLYUM, Be:** Metalik veya bileşik halindeki (örneğin, Berilyum oksit) berilyum oldukça toksik bir maddedir (OKL-0,002 $mg/m^3$ ). Çoğunlukla bakır alaşımları içinde bulunan berilyum mesleksel akciğer hastalıklarına neden olabilir.

- **KADMİYUM, Cd:** Çok toksik bir maddedir (OKL-0,01 $mg/m^3$). Korozyon koruyucu olarak kadmiyum ile kaplı bir malzemenin kaynak işlemi sırasında kadmiyum oksit oluşur. Kadmiyum zehirlenmesinin belirtileri; solunum güçlüğü, ağızda kuruluk, öksürük, göğüs ağrısı ve vücut sıcaklığının yükselmesidir. Bu belirtilerin bir kısmı genellikle etkilenmeyi izleyen bir veya birkaç gün içinde görülmezler. Karaciğer ve böbreklerin de kadmiyumdan etkilendiği bilinmektedir.

- **KALSİYUM, Ca:** Kaynak işlemi sırasında oluşan kalsiyum oksit yüksek konsantrasyonlarda mukozada tahrişlere neden olabilir; ancak kaynak işlemine bağlı olarak doğrudan bir sağlık etkisi yoktur.

- **KROM, Cr:** Paslanmaz çelik gibi krom alaşımlı malzemede yapılan kaynak işleminde yükseltgenme sonucunda +3 ve +6 değerlikli krom oluşur ki her iki yapı da mukozalar, solunum yolları ve akciğerler üzerinde tahrişlere neden olurlar. Ayrıca vücut sıcaklığında yükselmeler görülür. +6 değerlikli kromun kanser yapma riski yüksek olduğunu hatırlatmakta fayda vardır (OKL-0,5 krom metal ve krom +3 bileşikleri için; OKL-0,05 krom +6 bileşikleri için).

- **BAKIR, Cu:** Kaynak işlemi yapılan ana metal ve dolgu metalinde bulunan bakım kaynak dumanı yoluyla solunması vücut sıcaklığının yükselmesine neden olabilir (OKL-0,2 $mg/m^3$).

- **FLOR, $F_2$:** Temel olarak kaynak elektrotlarında kaplama maddesi olarak bulunan flor bileşiklerinin kaynak işlemi sırasında ortaya çıkması ve ortam havasına yayılması sonucu solunum yollarında tahrişler ile akut ve kronik etkilenmeler olabilir. Havalandırmanın iyi yapılmadığı kapalı alanlarda ortam havasında bulunan flor konsantrasyonu izin verilen eşik değerinin üzerine çıkabilir (OKL-2,5 $mg/m^3$).

- **DEMİR, Fe:** Kaynak işlemi sırasında oluşan demir oksitten uzun süreli etkilenme sonucu kişilerde siderosis hastalığı görülebilir. Röntgen sonuçları silikosis ile benzer olmasına karşın yaşamsal bir sağlık sorunu olmaz (OKL-3,5 $mg/m^3$).

- **KURŞUN, Pb:** Kurşun genel olarak kaynak dumanı içinde bulunmaz. Ancak, yüzeyi kurşun ile kaplı malzemenin kaynak işleminde ve/veya kurşun içeren yalıtım maddesi ile kaplı elektrotların kullanıldığı işlemlerde metal oksit dumanı içerisinde kurşun bulunabilir. Kurşun oksit dumanlarının solunması sonucu baş ağrısı, bayılma, adale ağrısı, kramp, kilo kaybı, iştahsızlık ile yüksek konsantrasyonlarda anemi ve hafıza kaybı görülebilir (OKL-0,15 $mg/m^3$).

- **MAGNEZYUM, Mg:** Çelik alaşımlarında ve elektrotta bulunur. Kaynak dumanı içinde bol miktarda bulunan magnezyum oksit, toksik etkilere sahiptir. Mukoza tahrişleri, baş dönmesi, kas gerilmesi, bayılma ve unutkanlık başlıca zehirlenme belirtileridir. Metal duman ateşine de neden olan magnezyum oksit sinir sistemi ve solunum yolları üzerinde de etkilidir (OKL-10 $mg/m^3$).

- **MOLİBDEN, Mo:** Molibden içeren metal oksit dumanının solunması solunum yollarında tahrişlere neden olur. Eşik değerinin üzerindeki konsantrasyonlarda uzun süreli etkilenmeler karaciğer rahatsızlıklarına neden olabilir (OKL-5 $mg/m^3$)

- **NİKEL, Ni:** Paslanmaz çelik parçaların kaynağında açığa çıkar. Nikel oksit, metal duman ateşine sebep olur. Kanserojendir (OKL-0,1 $mg/m^3$).

- **ÇİNKO, Zn:** Galvanizli parçaların kaynak işleminde çinko oksit oluşur. Çinko oksit metal duman ateşine sebep olur (OKL-5 $mg/m^3$).

**b) Gazlar**

- **KARBONMONOKSİT, CO:** Renksiz, kokusuz, boğucu bir gazdır. Uygun ve yeterli havalandırma sisteminin olmadığı kapalı yerlerde yapılan kaynak işleminde karbon monoksit yüksek konsantrasyonlara ulaşır. Karbon monoksit, hemoglobin ile birleşerek kanın oksijen taşımasını engeller. Yorgunluk, baş ağrısı, çarpıntı ve bayılma karbon monoksitten etkilenmeyi gösterir (OKL-25 ppm).

- **AZOT OKSİTLER, NO, $NO_2$:** Çalışma, ortamı havasında azot dioksit konsantrasyonunun 15 ppm'in üzerine çıkması gözlerde sulanma ve tahrişlere neden olur. Yüksek konsantrasyonlarda etkilenme akut bronşit ile akciğerlerde ödeme neden olur. Azot oksitlerin oluşturduğu yaşamsal etkiler çoğu kez geri dönüşsüzdür. Zehirlenme belirtileri şiddetli öksürük, hırıltı, bulantı ve nefes güçlüğüdür. Bu belirtiler etkilenmeden sonraki üç ile otuz saat arasında görülebilir (OKL-3 ppm $NO_2$ için).

- **OZON, $O_3$ :** Renksiz, sarımsak kokulu ve toksik bir gazdır. Mukoza özellikle de solunum yollan üzerinde etkilidir. Boğazda kaşıntı ve yanma, öksürük, göğüs ağrısı, akciğer ödemi ve hırıltı etkilenme belirtileridir (OKL-0,1 ppm).

- **FOSGEN, $COCL_2$:** Ortam havasındaki konsantrasyonu TWA değerini geçtiğinde ağız ve boğazda tahriş ile yanıklar, göğüs ağrısı, kusma ve ileri safhalarda solunum yolu ödemleri görülür. (OKL-0,1 ppm).

- **FOSFİN, $PH_3$:** Oldukça toksik bir gazdır. Burun, gözler ve deride tahrişlere neden olur. Solunması durumunda ishal, yorgunluk ve baş ağrısı görülür. 100 ppm'in üzerindeki konsantrasyonlar öldürücü etki yapabilir. Sinir sistemi ve böbrekler üzerinde de etkilidir (OKL-0,3 ppm).

### 2.1.7 Kaynak Duman ve Gazlarına Maruz Kalmanın Değerlendirilmesi

Maruz kalma değerlendirmesinde işlemin, sarf malzemeleri ve ana metal bileşiminin etkisi önem kazanır. Maruz kalma değerlendirmesinde işlemin, sarf malzemelerinin ve ana metal bileşiminin etkisi çizelge 2.2'de verilmiştir (TWI, Part 31, 1997).

Dumana ilave olarak risk değerlendirmesi ayrıca zehirlenmeye veya gaz boğulmasına neden olabilecek koruyucu gazların bileşimlerini de kapsayacak biçimde olmalıdır. Gazlar, dekapan veya cüruf üzerinde (karbon dioksit ve karbon monoksit olarak) ısı hareketi veya kaynak arkı çevresindeki (Azot oksit, azot dioksit ve ozon olarak) atmosferde ultraviyole ışıma ile de oluşturulabilirler.

**Çizelge 2.2:** Maruz kalma değerlendirmesinde işlemin, sarf malzemelerin ve ana metal bileşiminin etkisi (TWI, Part 31, 1997).

| İşlem | Malzeme | Duman seviyesi | Değerlendirme |
|---|---|---|---|
| Gaz kaynağı | Alaşımsız çelik | Kapalı yerler ve çok az havalandırma hariç maksimum işyeri konsantrasyonundan küçük | Karbondioksit, karbon monoksit (alev azaltıcı), Azot dioksit |
| Örtülü Çubuk Elektrot Kaynağı | Alaşımsız çelik ve az alaşımlı çelikler | 3 mg/m³ -30 mg/m³ açık çalışma alanı koşullarında, operatöre bağlı | Demir oksit partiküller, florlar |
| | Paslanmaz çelik | 3 mg/m³ -30 mg/m³ açık, çalışma alanında | Sarf malzeme partikülleri %8 krom içerebilir, çoğunlukla altı değerli krom olarak bulunur. (Cr-VI) |
| | Alüminyum, bakır, nikel alaşımları, dökme demir, sert kaplama | Genellikle maksimum işyeri konsantrasyonundan çok büyük | Sarf malzeme partikülleri, alüminyum kaynağında, ozon |
| TIG ve Plazma Kaynağı | Alaşımsız ve az alaşımlı çelikler | Maksimum işyeri konsantrasyonundan küçük | Koruyucu gazdan meydana gelen partikül duman, mevcut oksijeni azaltarak hayati tehlike oluşturabilir, |
| | Paslanmaz çelik alaşımları | Partikül duman için maksimum işyeri konsantrasyonundan küçük, gazlar için maksimum işyeri konsantrasyondan büyük | Ozon, kapalı yerlerde koruyucu gazlar |
| Metal Asal Gaz Metal Aktif Gaz Kaynağı (MIG/MAG) | Alaşımsız ve az alaşımlı çelikler | Genellikle 5 mg/m³ ten fazla | Partikül demir oksit, ozon, koruyucu gazlar. Argondan ziyade $CO_2$ koruyucu ile yüksek duman seviyeleri elde edilir. |
| | Paslanmaz çelik | Maksimum işyeri konsantrasyonundan büyük | Sarf malzemeleri, ozon ve koruyucu gazlardan meydana gelen partikül duman. Değerlerle ilgili işlem partikül dumana uygulanacak. |
| | Alüminyum ve alüminyum alaşımları | Duman ve gazlar için maksimum işyeri konsantrasyonundan büyük | Partikül alüminyum oksit dumanı. Arktan belli uzaklıkta Al-Si alaşımları ile özellikle ozon seviyeleri çok büyük olabilir. |
| Özlü Elektrot Ark Kaynağı | Alaşımsız ve az alaşımlı çelikler | 10 mg/m³'ten büyük | Partikül demir oksit ve dekapan maddeler, bazı sarf malzemeleri, dumanda çözünebilen baryumu artıracaktır. |
| | Paslanmaz çelik. | 10 mg/m³'ten büyük | Sarf malzemeleri, Cr-VI muhtemelen olacaktır. |

## 2.2 Kaynak Duman ve Gazlarından Korunma

Kaynak sırasında çalışma ortam havasına yayılan çeşitli duman ve gazların insan sağlığı üzerindeki olumsuz etkilerinden korunmak için çeşitli tedbirlerin alınması şarttır. Alınması gereken tedbirler, kaynağın içeride veya dışarıda açık havada yapılmasına, kaynak yapılan parçanın büyüklüğüne vb. bağlı olarak değişkenlik gösterir.

Kaynak duman ve gazlarından korunmak için uygulanabilecek tedbirler şu başlıklar altında incelenebilir:

### 2.2.1 Havalandırma

Kaynak duman ve gazlarından korunmada alınabilecek önemli bir tedbir, çalışma alanının yeterli olarak havalandırılmasıdır. Bazı durumlarda doğal hava akımı yeterli havalandırma sağlayabilir. Çalışma alanında yeterli havalandırma olup olmadığını anlayabilmek için yapılması gereken iş, kaynak duman ve gazlarının bulunduğu ortamdan hava numunesi alınarak kirletici madde miktar ve çeşitlerinin saptanmasıdır. Yeterli bir havalandırmayı etkileyen faktörler şunlardır:

- Çalışma yerinin alanı
- Çalışma yerinin hacmi ve şekli
- Kirlilik içeren işlemlerin sayısı ve şekli
- Meydana gelen kirleticilerin müsaade edilebilir seviyeleri
- Doğal hava akımının yapısı
- Kaynakçıların ve diğer personelin solunum bölgelerinin, kaynak yapılan yere ve kirleticilerin konumuna göre mesafesi

Kaynak çalışma alanlarında havalandırmanın iki türde yapılması mümkündür:

**a) Genel Havalandırma**

Yüksek tavanlı, doğal hava hareketleri olabilen, geniş çalışma alanlarında kaynak kısa süreli veya aralıklı ise doğal havalandırma yeterli olabilir. Çalışma ortamı atmosferinde kabul edilebilir konsantrasyon limiti aşılıyor ise, ilave havalandırma tedbirlerine ihtiyaç vardır.

**b) Lokal Havalandırma**

Genel havalandırmanın yetersiz olduğu yerlerde lokal havalandırma sistemleri kullanılır. Bu tür durumlarda özel fanlarla, oluşan duman ve gazlar kaynak yapılan yere yerleştirilmiş emme sistemleriyle emilerek uzaklaştırılır. Lokal havalandırmanın avantajlarından biri de genel havalandırmaya nazaran daha az havaya ihtiyaç olmasıdır. Çünkü filtreler yardımı ile emilen duman ve gazların içindeki zararlı maddeler ayırabildiğinden, dış atmosfer ile bir bağlantı yoktur.

Emme sistemleri çok çeşitli maksatlar için dizayn edilmişlerdir. Emme sistemleri kaynak masasının üzerine veya yanına hareket edebilen hortumlar yardımı ile rahatlıkla getirilebilmektedirler. Masa şeklinde sabit olarak kullanılabildikleri gibi, koruyucu maskeye monte edilebilen emme sistemleri de vardır. Şekil 2.2'de çeşitli emme sistemleri gösterilmiştir (Grothe und Kraume, 1996).

Emme sistemlerinin faydaları yanında mahsurlu yönleri de vardır. Birincisi, özellikle torçta emme sistemi kullanıldığında diğer duman ve gazlarla birlikte koruyucu gaz da emildiğinden kaynak banyosu havaya karşı korunamaz. İkincisi, her bir emme sistemi için sınırlamalar olduğu gibi, her bir iş için de doğru emme sistemini seçmek önemli ve zor bir iş olduğundan, kaynakçıların sistemleri doğru olarak ve yerinde kullanması gerekliliğidir.

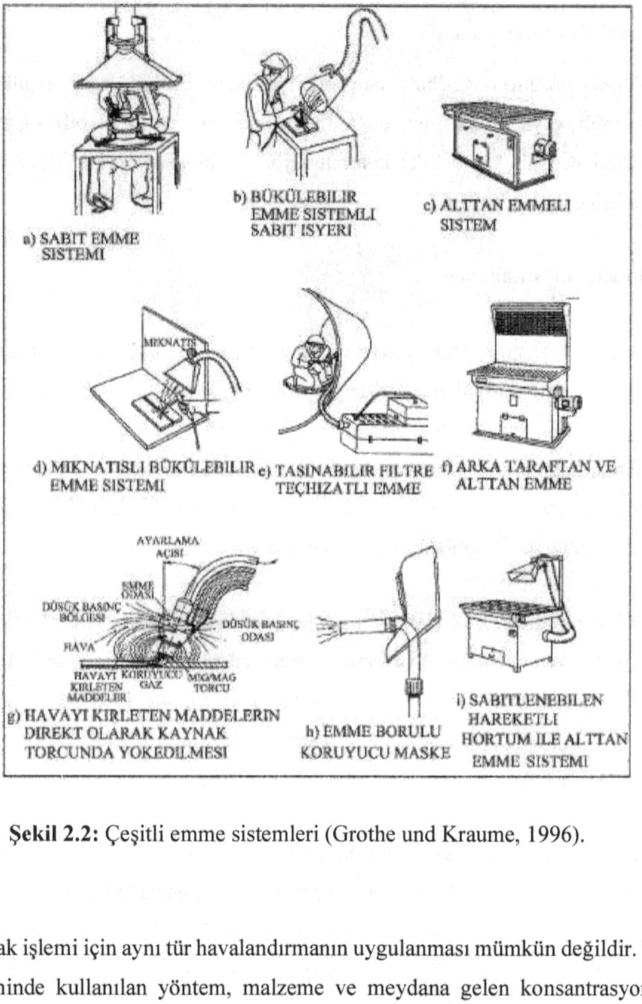


**Şekil 2.2:** Çeşitli emme sistemleri (Grothe und Kraume, 1996).

Her kaynak işlemi için aynı tür havalandırmanın uygulanması mümkün değildir. Yapılan kaynak işleminde kullanılan yöntem, malzeme ve meydana gelen konsantrasyona göre havalandırma, uygulanması gerekir. Bazı kaynak işlemlerinde havalandırma koşullan çizelge 2.3'de gösterilmiştir (Anık ve Vural, s 254-261).

**Çizelge 2.3**: Bazı kaynak işlerinde havalandırma, koşulları.

| Yöntem | İlave Malzeme ile | | | | | |
|---|---|---|---|---|---|---|
| | Alaşımsız ve düşük alaşımlı çelik, Alüminyum esaslı malzemeler | | Yüksek alaşımlı çelik, demir harici metaller (alüminyum esaslı malzemeler) | | Kaplanmış çelik | |
| | Kısa süreli | Uzun süreli | Kısa süreli | Uzun süreli | Kısa süreli | Uzun süreli |
| TIG kaynağı (lokal) | F | T | F | T | F | T |
| TIG kaynağı (genel) | F | F | F | T | F | T |
| MIG/MAG (lokal) | T | A | A. | A | A | A |
| MIG/MAG (genel) | F | T | T | A | T | A. |
| Plazma kesme (lokal) | A | A | A | A | A. | A |
| Plazma kesme (genel) | F | T | T | A | T | T |

**F:** Serbest havalandırma (basınç veya sıcaklık farkı ile doğal havalandırma);
**T:** Teknik havalandırma (makine ile hacim havalandırması, örneğin vantilatörle);
**A:** Sağlığa zararlı maddelerin ortamdan emilmesi;
**Lokal;** Düz hacim (kaynak kabini, kaynak masası, parça hariç yaklaşık 10 $m^2$);
**Uzun Süreli:** Günde yarım saatten fazla, haftada 2 saatten fazla anlamındadır.

## 2.2.2 Solunum Koruyucu Teçhizat Kullanımı

Duman ve gazlardan korunmada, havalandırma her zaman için sağlanmak zorundadır. Eğer şartlar gereği havalandırma mümkün değilse veya halen ortamda yeterli taze hava mevcut değilse, Solunum Koruma Teçhizatına (SKT) ihtiyaç duyulur.

SKT, her zaman için en son tercih edilen korunma tedbiri olmalıdır; çünkü sadece kullanan kişiyi koruyabilir. Kullanmayan diğer kişiler için risk devam etmekte ve çalışma şartlarını zorlaştırarak verimi düşürmekte, hatta kazalara neden olmaktadır. Diğer korunma metotları maruz kalmanın önlenmesinde amaçtır; fakat SKT sadece son çaredir.

SKT olarak gaz maskeleri kullanılır. Çeşitli SKT tipleri şekil 2.4'de gösterilmiştir (Grothe und Kraume, 1996). Uygun SKT seçiminde duman konsantrasyonuna, zehirli gazların varlığına ve atmosferdeki oksijen eksikliğine dayalı seçim yapabilecek bir uzmanın tavsiyelerine ihtiyaç vardır. SKT seçiminde dikkat edilecek konular:

- Maske seçiminde bir uzmana danışılmalıdır.
- Her bir kaynakçı, yeterli bir koruma sağlayan maske ile kişisel bir uyum sağlamalıdır.
- Tüm kullanıcı personel, maskenin kullanım ve bakımı konusunda eğitilmelidir.

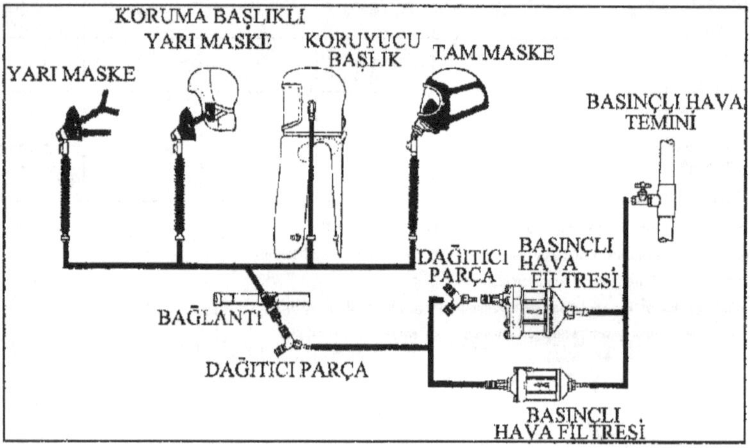


**Şekil 2.3:** Çeşitli Solunum Koruma Maske ve Başlıkları (Grothe und Kruame, 1996).

### 2.2.3 Diğer Korunma Yöntemleri

#### a) Kaynak Yöntemini Seçme veya Yenileme

Yöntem seçimi genellikle kaynak kalitesi, ekonomik şartlar ve ekipmanın elde edilebilmesi temeline dayanır.

Bununla birlikte örtülü elektrot kaynağı, MIG ve özlü elektrot ark kaynağından daha az duman yayan TIG kaynağı gibi bazı prosesler korunma açısından tercih edilebilir.

**b) Uygulamalardaki Gelişmeler**

Esaslı bir gelişme, iş parçasının yerleştirilmesiyle elde edilebilir. Böylece kaynakçı, kaynak üstüne yükselen duman merkezinden kolayca korunabilir. Geniş ölçekli imalatlarda, kaynak işlemlerinin uygulandığı çalışma alanı diğer alanlardan tecrit edilmelidir.

**c) Kaynakçının Pozisyonu**

Kaynakçı, kaynak yapılan noktaya çok yakın durur ve üzerine eğilerek çalışırsa büyük miktarda gaz ve Metal Oksit Dumanı soluyabilir. Bu nedenle kaynak sırasında baş olabildiğince dik olmalı ve arktan uzak tutulmalıdır.

## 2.3 Çeşitli Kaynak Yöntemlerinde Alınabilecek Önlemler

**a) Oksi-Asetilen Kaynağı**

Oksi-asetilen kaynağında alev, kaynak sahasında havanın oksijenini yavaş yavaş aldığından, zamanla havadaki azot miktarı yükselir ve dolayısıyla nefes alma işlemi güçleşir. Bu nedenle, kaynak yapılan sahanın devamlı havalandırılması gerekir.

Uzun kaynak işlerinde büyük numara üfleç kullanılması halinde bütün kapı ve pencere ile havalandırma kapaklarının açılması gerekir. Özellikle dar yerlerde yapılan kaynak işlerinde bölgenin sıcaklığı birdenbire 40- 50°C'ye yükseleceğinden, azot oksit solunum sistemi üzerine ciddi olarak etki eder.

Normal olarak kapalı yerlerde her kaynakçı için 100 $m^3$'lük bir hacim dikkate alınmalıdır. Kapalı yerlerde yapılan kaynak ve kesme işlemlerinde sağlığımızı gaz, duman ve buharlara karşı korumak amacı ile suni havalandırma yapılmalıdır. Genel olarak; kaynak atölyelerinin havası, saatte 10 ile 12 defa değiştirilmelidir.

**b) Örtülü Elektrot Kaynağı**

Bu yöntemde kullanılan kaynak elektrotları arkın kararlılığını sağlayan, kaynak metalinin üzerinde cüruf oluşturarak dikişin yavaş soğumasında etkili olan bir örtü ile kaplıdırlar. Kaynak: anında bu örtünün çekirdek telinden ayrışarak yanması ile belirli bazı gazlar ve dumanlar ortaya çıkar. Bu gaz ve dumanların cinsleri örtüye bağlı olarak farklılıklar gösterir.

Bu yöntemin uygulanmasında oluşacak duman içerisindeki kimyasal maddeleri ve gazları şöyle sıralayabiliriz; krom, bakır, kurşun, çinko, kadmiyum, molibden, cıva ve ozon. Genellikle bu yöntemin duman oluşturma oranı yüksektir. Çıkan gaz ve dumanların miktarı, elektrot boyutlarına ve dolayısıyla artırılacak kaynak akımına bağlı olarak artar.

Çizelge 2.4'de, 4 mm çapındaki çeşitli elektrotlarla yapılan kaynakta meydana gelen duman miktarları verilmiştir (Anık, 1991). Kaynak esnasında ortaya çıkan gaz ve dumanın kaynakçıma sağlığına zarar vermemesi için, kaynak sahası lokal olarak havalandırılmalıdır. Dakikada, 15 ile 23 $m^3$ havanın emilmesi gerekir.

**Çizelge 2.4:** Çeşitli elektrotlarda meydana gelen duman miktarları (Anık,1991).

| Elektrot cinsi | Duman miktarı (g/elektrot) |
|---|---|
| Nötr karakterli | 0,5-1,5 |
| Derin nüfuziyet (nötr) | 2,5-4,0 |
| Rutil karakterli | 0,5-1,0 |
| Bazik karakterli | 1,5-2,5 |
| Paslanmaz çelik | 1,0'dan az |
| Dökme demir | 0,5-2,5 |

**c) Tozaltı Kaynağı**

Diğer kaynak usullerinde olduğu gibi tozaltı kaynağında da gaz, duman ve buhar meydana gelmektedir. Ancak duman ve gazların miktarı tozaltı kaynağında daha azdır.

Yüksek miktarda mangan oksit ihtiva eden tozların kullanılması halinde, meydana gelen gazlar burun mukozasına etki eder.

Tozaltı kaynağında kullanılan toz, gerek kaynak esnasında gerekse doldurulup boşaltılmasında çok ince tozlar meydana getirir. Bu tozlar silisyum ihtiva ettiğinden uzun süre havasız yerde bu tozlarla uğraşmak silikoz tehlikesi yaratabilir. Ayrıca, tozlardan meydana gelebilecek florların varlığı da önemlidir.

Tüm bu nedenlerden dolayı, dar yerlerde yapılan tozaltı kaynağında ortamdaki toz aspiratörlerle emilmelidir.

**d) Gazaltı Kaynağı**

Özellikle kaynak işlemi yaparken veya temizleme işlemi sırasında kullanılan malzemelerin meydana getirdiği gaz, buhar ve dumanlara dikkat edilmelidir. Gazaltı kaynağında meydana gelen zehirli gazlar ve dumanlar aşağıda verilmiştir:

- **OZON:** Gazaltı arkının yaydığı ultraviyole ışını atmosferdeki oksijene etki ederek ozon meydana getirir. Ozon miktarı ultraviyole ışın enerjisinin yoğunluk ve dalga uzunluğuna, rutubete ve diğer faktörlere bağlıdır. Ozon konsantrasyonu ark alevinin artmasıyla ve argon kullanımıyla artar. Eğer ozon havalandırmayla emniyetli seviyeye düşürülemezse kaynakçıya taze hava vermek gerekir.

- **AZOT DİOKSİT:** Bazı test neticeleri, azot dioksitin arkın 152 mm mesafesinde yüksek konsantrasyonda bulunduğunu göstermiştir. Normal havalandırmayla bu konsantrasyon kaynakçının nefes alma bölgesinde çabucak normal seviyelere düşer.

- **KARBON MONOKSİT:** Gazaltı kaynağında koruyucu gaz olarak, kullanılan karbondioksit, ark ısısı etkisiyle karbon monoksit meydana getirir. Kaynak işlemi sırasında az miktarda karbon monoksit oluşur, ancak bu miktar zamanla artabilir. Aslında sıcak karbon monoksit, karbon dioksite oksitlenir ve kaynaktan 7 6 veya 102 mm mesafede dikkate almaya değmeyecek bir durum ortaya çıkar,

- **METAL DUMANLARI:** Gazaltı kaynağında ortaya çıkan dumanlar, genel veya lokal havalandırma şeklinde kontrol altında tutulabilir. Zehirli maddeleri kabul edilebilir bir sınırın altında tutmak İçin gerekli havalandırma metotları pek çok faktöre bağlıdır. Bu faktörlerden bazıları kaynatılacak malzeme, çalışma alanı ve kaynak yapılacak yerdeki hava akımıdır. Kaynakçının solunum bölgesinde meydana gelebilecek metal dumanlan çizelge 2.5'te verilmiştir (Kartal, 1991).

**Çizelge 2.5:** Solunum bölgesinde meydana gelebilecek metal dumanları

| Kaynak yapılan malzeme | Metal dumanı |
|---|---|
| Alüminyum | Al, Mg, Mıı, Cr |
| Magnezyum | Mg, Al, Zn |
| Bakır | Cu, Be, Zn, Pb |
| Nikel | Ni, Cu, Cr, Fe |
| Titanyum | Ti |
| Paslanmaz çelik | Cr, Ni, Fe |
| Karbon çeliği | Fe, Cu, Mn |

- **FOSGEN:** Metallerde yağ gidermede kullanılan klorlu hidrokarbon buharları, trikloretilen, perkloretilen, tetraklorkarbon, ark ışıma bölgesinden uzak tutulmalıdır.

Temizleme maddesi olarak kullanılan klorlu hidrokarbonların buharları, arkın ultraviyole ışınlan ile ayrışarak zehirli bir gaz olan "fosgen" oluşturur. Kaynak yapılacak içi boş parçalar (boru vs.) bu çözücü maddelerin artıklarından temizlenmeden kaynak yapılmamalıdır.

Gazaltı kaynağındaki bazı işlemlerde meydana gelen duman ve gaz tehlikelerini, ayrıca incelemekte yarar vardır:

**1) Ergiyen Elektrot ile Gazaltı Kaynağı (MIG/MAG)**

MIG-MAG kaynak yöntemlerinde çıplak tel elektrot kullanıldığından, örtülü elektrota kıyasla daha az gaz ve duman oluşumu vardır. Buna karşın kaynak yapılan atölyenin uygun bir şekilde havalandırılması gerekmektedir; yoksa asal gazların yanı sıra, karbondioksit ve ozon gibi gazların kaynakçı tarafından solunması tehlikelidir. MIG/MAG kaynağında metal oksit dumanı oluşumunu etkileyen faktörler şekil 2.5'te gösterilmiştir (Turhan, 1996).

MAG kaynağında ark oluşturmak ve kaynak banyosunu korumak için kesintisiz bir tel ve ayrı bir gaz kullanılır. Koruyucu gaz normal olarak $CO_2$, Ar-$O_2$-$CO_2$ karışımı veya kısmen argon ile yer değiştirmiş helyum olabilir. Kaynak parametrelerinin etkisi kadar, metal transferinin şekli de duman seviyelerinin üzerinde belirleyici bir etkidir.

Yapılan araştırmalarda MAG kaynağında oluşan karbon monoksitin büyük bir kısmının kaynak bölgesinde yeniden karbondioksite dönüştüğü ve geri kalan kısmının da normal çalışma koşullarında tehlike yaratmadığı anlaşılmıştır.

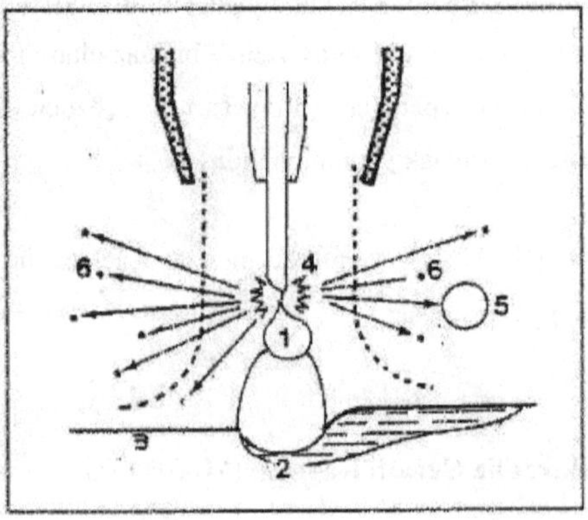


**Şekil 2.4:** MIG/MAG kaynağında metal oksit dumanı oluşumunu etkileyen faktörler (1.Kaynak teli damlası, 2. Kaynak çukuru, 3. Anot-Katot noktaları, 4. Ergiyen elektrot, 5. İri kıvılcım parçacıkları, 6. İnce metal parçacıkları)

MIG/MAG kaynağında metal oksit dumanı oluşumunun ana nedeni, dolgu olarak kullanılan metaldir. Kaynak yapılan metalin duman oluşumuna katkısı çok azdır. Metal oksit dumanı oluşumu kaynak teli alaşımındaki maddelerin uçuculuğu ile doğru orantılıdır. Metal oksit dumanı oluşumunda kaynak sırasında sıçrayan küçük parçalar büyük rol oynar. Hatta çok küçük parçacıklar havada asılı kalarak metal oksit dumanı içinde yer alır.

MIG/MAG kaynağında gaz oluşumunun ana nedeni çok yüksek sıcaklık ve arktan yayılan ultraviyole ışınlardır. Azot oksit (NO) ve azot dioksit ($N0_2$), ortam havasında oksijen ile azotun birleşmesinden meydana gelir. Oksijen ve azot sıcak metal yüzeyi ve/veya ark ile temas ettiğinde (2.2) ve (2.3) reaksiyonları oluşur:

$$N_2 + O_2 \rightarrow 2NO \qquad (2.2)$$

$$2NO + O_2 \rightarrow 2NO_2 \qquad (2.3)$$

Ozon (O3), aşağıda belirtildiği gibi, havanın oksijeninden (2.4)'teki reaksiyonla oluşur.

$$3O_2 \rightarrow 2O_3 \qquad (2.4)$$

Arktan yayılan ultraviyole radyasyon havadaki oksijen moleküllerini parçalayarak serbest oksijen atomları oluşmasına neden olur. Bu atomlar diğer oksijen molekülleri ile reaksiyona girerek $O_3$ (ozon) molekülleri oluşur, 130-175 nm dalga boyundaki ultraviyole ışınlan ozon oluşumunun ana nedenidir. Ozon moleküllerinin büyük çoğunluğu arkın hemen yakınında oluşur. Burada oluşan ozon, sıcak gaz ve metal oksit dumanı ile kaynak yapılan noktadan yükselerek kaynakçı için sağlık tehlikesi yaratabilir. Özellikle alüminyum ve paslanmaz çeliklerin kaynağı, önemli bir ozon seviyesi meydana getirir ve maruz kalma limiti müsaade edilebilir limiti aşabilir.

Ortama yayılan ozonun elimine edilmesindeki temel olaylar;

- Ozon ve metal oksit dumanı molekülleri arasında katalitik reaksiyonlar,
- Azot oksit ile ozon arasındaki kimyasal reaksiyonlar.

$$NO + O_3 \rightarrow NO_2 + O_2 \qquad (2.5)$$

Örtülü elektrot kaynağında bol miktarda NO oluştuğundan ozon miktarı ihmal edilebilecek düzeylerde kalırken, MIG/MAG kaynağında NO oluşumu az olduğundan ortama yayılan ozon miktarı artar.

Kaynak yapılan yüzeylerdeki kirlilik ve/veya kaplamaların, ultraviyole ışını ya da yüksek sıcaklıkta bozunmaları ile de çeşitli gazlar açığa çıkabilir.

Açık havada yapılan kaynak İşlemlerinde kaynakçı, rüzgârın yönünü mutlaka dikkate almalı ve rüzgârı daima arkasına alarak çalışmalıdır. Ancak çok rüzgârlı havalarda dışarıda MIG/MAG ve TIG kaynağı yapmak örtücü: gazın dağılmasına neden olacağı için tavsiye edilmemektedir.

Uygun tasarlanmış kaynakçı başlık ve siperleri de kaynakçının solunum düzeyindeki gaz ve Metal Oksit Dumanının konsantrasyonunun azalmasını sağlar. Bu nedenle kaynakçı başlık ve siperleri yüzü ve boğazı tamamen örtecek şekilde olmalıdır.

Kaynakta kullanılan koruyucu gaz seçimi de çalışma ortamı atmosferinin kirlenmesinde önemli bir faktördür. Örneğin $CO_2$ ve diğer oksitleyici gazlar, argon veya helyum kullanımına oranla daha fazla metal oksit dumanı oluşumuna neden olurlar. Argon gazı içerisine NO katılması MIG/MAG ve TIG kaynağında ozon oluşumunu azaltır. Bu azalma NO ile ozon ($O_3$)'un hızlı reaksiyona girerek azot dioksit ($NO_2$) ve oksijen ($O_2$) oluşturmasındandır. Azot dioksit, ozona göre daha az zehirlidir.

Alüminyum ve paslanmaz çelik kaynağında, ozonu kontrol etmek için lokal havalandırmaya ihtiyaç olabilir.

Ozon, arkın uzağında meydana gelebileceği için ilave genel havalandırmaya gereksinim olabilir. Eğer duman bu yöntemlerle yeterli derecede kontrol edilemezse, kaynakçı solunum koruma teçhizatı (SKT) takmalıdır.

**2) Ergimeyen Elektrot ile Gazaltı Kaynağı (TIG ve Plazma Kaynağı)**

Ark, tungsten elektrot ile iş parçası arasında bir asal gazla birlikte meydana gelir. Dolgu metali doğrudan kaynak metaline eklendiği için; metal, ark içinden geçmez; böylece oldukça az partikül duman yayılımı vardır. Açık kaynak atölyesi şartlarında, partikül dumanına maruz kalma normal olarak limit değer olan 5 $mg/m^3$'ün altında olacaktır.

Bu yöntemde, ilave kaynak metali kullanıldığında duman oluşumu çok düşük seviyelerdedir. İlave kaynak metali kullanılmadığında ise önemsiz miktarlarda duman oluşur.

Ayrıca plazma kaynağında, işlemin civarında meydana gelen azot oksitler tehlikeli bir yoğunluk oluşturduktan için iyi bir havalandırmanın sağlanması gerekir. Özellikle, azotun koruyucu gaz olarak kullanıldığı durumlarda bu tehlike daha da çok artmaktadır. Ozon gazının oluşma ihtimali de dikkate alınırsa havalandırma yapmanın önemi daha çok ortaya çıkmaktadır.

**e) Elektron Işını Kaynağı**

Kaynak esnasında, birleştirilen parçalan meydana getiren elemanların kısmi buhar basıncına bağlı olarak bir buharlaşma meydana gelir. Normal durumda buharlar, vakum odasının duvarlarında yoğunlaşarak ince tabakalar meydana getirir; fakat bazı durumlarda buharlaşma büyük bir gazın yayınması ile birlikte oluşur. Bu gibi durumlarda buhar çok ince bir toz halindedir.

Kaynak edilen parçalar berilyum, plütonyum gibi zehirli türden olursa, vakum odasının kapısı açıldığında kaynakçının korunma tedbirleri alması gerekir. Bu korunmayı sağlamak için vakum vanasının yanma bir egzoz vanası yerleştirilmesi tavsiye edilmektedir. Vana odanın kapısı açılınca otomatik olarak açılır ve kapıdan giren hava, tozları süpürerek egzoz deliğinden dışarı çıkarır.

Ancak egzoz sistemi, bazı tozlar için patlama tehlikesi meydana getirebilir. Bu ise, toz toplayıcıların yerleştirilmesinin özenle yapılmasını ve patlamayı önleyici tertibatlara ihtiyaç olduğunu ortaya koymaktadır.

**f) Elektro-Cüruf Kaynağı**

Normal hallerde kullanılan tozlar; demir, mangan, alüminyum ve kalsiyum silikatları ile kalsiyum florür ve kalsiyum karbonattan ibarettir, işlem esnasında çok az toz kullanıldığından, diğer usullere göre çok az duman meydana gelir.

**g) Lazer Işını Kaynağı**

Lazer ışınlan, metalleri kolayca buharlaştırır. Bu da solunum açısından tehlike oluşturan duman ve gazlan meydana getirir. Lazer ile kaynak yaparken özellikle maskeye monte edilebilen emme sistemi ile lokal havalandırma yapmakta fayda vardır. Bu sayede, hem zararlı ışımalardan korunurken hem de oluşan duman ve gazlardan aynı anda korunma sağlanabilir. Lazer ile kaynakta, örnek olarak şekil 2,21'de gösterilen emme borulu koruyucu maske kullanılabilir.

# 3. KAYNAK İŞLERİNDE ELEKTRİK TEHLİKELERİ

## 3.1 Elektriğin İnsanlar Üzerindeki Etkisi

Kaynak işlerinin yapılması sırasında meydana gelen önemli tehlikelerden biri de elektrik tehlikeleridir. Elektrik görülemediğinden ve etkisi çok kısa sürede ortaya çıktığından gizli bir potansiyel tehlike olarak kaynak atölyelerinde ağır kazalara neden olmaktadır.

Elektriğin potansiyel tehlikeye sahip olması ve kaynak işlerinde hemen her gün sık olarak kullanılması nedeniyle; insanlar üzerinde etkileri ve zararlarının bilinmesi gerekir.

Elektriğin bilinen en yaygın zararları; doğrudan etki olarak elektrik şoku dediğimiz, akımın vücuttan geçerken iç organları ve sinir sistemini etkilemesi, yanıklara sebebiyet vermesi; dolaylı etkileri ise kasların istemsiz kasılması nedeniyle düşmeler ve yangınlardır. İnsan vücudundan geçen doğru akımın etkileri çizelge 3.1'de, alternatif akımın etkileri çizelge 3.2'de verilmiştir.

50 Hz şebeke frekansında 100 mA'lik bir akım, iç organlardan geçerse öldürücü olabilir. Benzer şekilde 16 mA'lik akımın etkisiyle kişi elindeki cismi istemeden bırakır (Demir, 1999).

Akıma karşı vücut direnci daha çok ölü deri dokusunda büyüktür. Ancak deri nemlendikçe direnç keskin bir iniş gösterir. Deri direnci geçildikten sonra elektrik akımı vücut içine ve dokulara doğru akar. İnsan vücudunun direnci çizelge 3.3'te verilmiştir (Yılmaz, 1998). Elektrik akımı nedeniyle ölüm ya da yaralanma aşağıdaki sebeplerle olur;

- Gövde kaslarında kasılma nefes almayı engeller, elektriğe dokunma süresi uzarsa boğulma sonucu ölüm olur.
- Merkezi sinir sisteminde geçici felç, solunumun durmasına sebep olur. Kazazede akım devresinden kurtarılsa bile solunum kendiliğinden geri gelmez.
- Kalbin normal ritminden çıkmasına (ritim bozukluğuna) sebep olur. Tahminen kalp üzerinden geçecek 50 mA ritim bozukluğu için yeterlidir. Kısa süreli yüksek akımda şoklar kalbin durmasına sebep olmaz, yaralı kurtulursa kalp kendiliğinden normal ritmine döner.
- Vücut içinde elektrik akımı yolu üzerindeki bütün sinirlerde, kaslarda ve dokularda kanama ve tahribatlar olur. Akım yolu uzarsa hasar daha da büyük olur. Çok büyük akımlar muhtemelen yüksek gerilim kaynaklarından olur ve genellikle çok kısa süreli maruz kalmada yaralı gerekli suni teneffüs ve kalp masajı müdahaleleri İle kurtarılabilir.
- Hasarlı ve bozuk el aletleri kullanılması halinde adale kasılması nedeniyle işçinin dengesi bozulur ve düşebilir.
- Ark ve patlama nedeniyle meydana gelen yanıklar derindir, iyileşme süreci uzundur ve vücudun büyük bir kısmım kaplayabilir.
- Aşın akım nedeniyle tesisatta meydana gelen ısınma ve ark nedeniyle çıkan yangınlar sonucu yaralanma ve ölümler meydana gelebilir.

Elektrik kazası geçirenlerde daimi iş göremezlik oram, diğer kazalara oranla daha az yer tutmaktadır; ancak elektrikte kaza başına ölüm oram çok yüksektir.

Elektrik kazalarından sonra meydana gelen solunum durması suni teneffüsün doğru olarak uygulanmasıyla engellenebilir. Meydana gelen bir kazada, sonucun daha da trajik hale gelmesini Önlemek için, tüm çalışanların elektrik, elektrik tehlikeleri ve ilk yardım uygulama konusunda teorik ve pratik bilgi sahibi olmaları şarttır.

**Çizelge 3.1:** İnsan vücudundan geçen doğra akımın etkileri

| **Akım Şiddeti (mA)** | **Meydana Gelen Etkiler** |
|---|---|
| 1 | Hissedilir |
| 5 | Hafif kramp |
| 10 | Genel kramp |
| 15 | Kas kasılması |
| 25 | Şiddetli ağrı |
| 50 | Dayanılmaz acı |
| 100 | Ölüm |

**Çizelge 3.2:** İnsan vücudundan geçen alternatif akımın etkileri

| **Akım Şiddeti** | **Meydana Gelen Etkiler** |
|---|---|
| 5-15 mA | Adalelerde kramp oluşması, reaksiyonların ortadan kalkması (refleks hareketlerinde ikincil hasar, denge kaybı, yere yıkılma) |
| 15-25 mA | Adalelerde kramp oluşması, temas eden cihazdan kurtulmak artık mümkün olmaz |
| 25-80 mA | Adalelerde kramp, nefes darlığı, bayılmak mümkündür |
| 80 mA-5A | Ölümle sonuçlanabilen kalp kapakçığı titreşimi |
| 5 A üzeri | Kalbin durması, yüksek derecede yanık oluşumu |

**Çizelge 3.3:** İnsan vücudunun direnci

| | |
|---|---|
| Kuru Deri | 100.000-600.000 Ω |
| Yaş Deri | 1.000 Ω |
| El, Ayak Arası ile Vücut İçi | 400-600 Ω |
| Kulaktan Kulağa | 100 Ω |

## 3.2 Kaynak İşlerinde Karşılaşılan Elektrik Tehlikeleri

### 3.2.1 Elektrik Şoku

Elle yapılan tüm kaynak işlemlerinde özellikle kaynak devresinin çıplak elektrik yüklü parçalarıyla temas belli başlı elektrik riskidir. Çıkış açık olduğunda, elektrot ve iş devresi elektrik yüklü durumdadır.

Güç açık olduğu zaman giriş güç devresi ve dâhili devreler zaten elektrik yüklüdür. Kaynak teli, tel makarası, sürme ruloları ve tele dokunan diğer metal parçalar elektrik yüklüdür.

Çarpılma olayı makine boşta çalışırken meydana gelir. Genellikle kaynak yaparken ark gerilimi 20-30 V arasındadır. Boşta çalışma gerilimi 65-100 V'tur. Güç kaynaklan tipik olarak 80 V'a kadar açık devre voltajına sahiptir (Güzel, 1991). Bu voltajlar ev şebekesinde kullanılan 220 V ile karşılaştırıldığında düşük görünebilir; ancak sadece 50 V alternatif akım (AC) veya 120 V doğru akım (DC)'dan düşük voltajlar kum çalışma, ortamında özellikle sağlıklı insanlar için tehlikelidir. Diğer durumlarda örneğin sınırlı iletim sahaları veya ıslak çevrelerde, 80 V AC ölümcül elektrik şoklarına sebep olabilen bir potansiyele sahiptir.

Önemli bir konu da, alternatif akımın (AC), doğru akıma (DC) nazaran daha tehlikeli olmasıdır. Doğru akım adale kramplarına sebep olmadığından, kazazede kendini şoktan kurtarabilir. Ancak alternatif akım (AC) adale kramplarına sebep olduğundan kazazede kendini şoktan kurtaramayabilir; hatta kalp bölgesinden geçen alternatif akım, kalbin düzensiz çarpmasına ve durmasına neden olabilir.

### 3.2.2 Yüksek Elektrik Tehlikesi

Yüksek elektrik tehlikesi aşağıdaki durumlarda ortaya çıkar:

- Dar hacimlerde (hacmin bir boyutu 2 metreden küçük ise dar hacim kabul edilir) elektriği ileten gövdelerde

- Zorunlu olarak insan vücudunun elektriği ileten parçalarla temasının önlenemediği yerlerde, elektriği ileten parçalar üzerinde hareket edebilme kabiliyetinin kısıtlanması durumunda
- Islak veya sıcak hacimlerde (iş elbisesinin ıslanarak veya ter emerek elektrik iletkenliği kazandığı durumlarda)

### 3.2.3 Aldatıcı Kaynak Akımları

Diğer bir tehlike, kaynak dönüş kablosundan başka yollarla kaynak transformatörüne dönen aldatıcı kaynak akımları sebebiyle meydana gelebilir (TWI, Part; 28, 1999). Örnek olarak, her ne kadar dönüş bağlantısı kesilse de, dönüş akımı aşağıda belirtilen malzeme içinden geçtiğinde kaynak yapılması mümkündür:

- Diğer elektrik ekipmanının koruyucu toprak (KT) iletkenleri, veya güç kaynağının kendisi
- Tel ipleri, askılar ve zincirler
- Metal tesisat parçaları ve boru işleri
- Motorlardaki yataklar

Koruyucu toprak, iletkene hasar verdiği zaman ekipman artık bir daha topraklanamaz. Aldatıcı akımlar, diğer iletkenler tarafından kısa devre edilmiş olabilen dönüş telinin izolasyonu hatalı veya zayıf olduğu zaman, kaynak akımı seviyesi ile karşılaştırılabilir ve daha yüksek çıkabilir.

## 3.3 Genel Önlemler

### 3.3.1 Kaza Meydana Gelmeden Alınması Gereken Önlemler

- Güç kaynağı ile iş parçası arasındaki bağlantı uygulanabilir olmalıdır.
- Yeterli kapasitede akım taşıyan bağlantılar ve yalıtılmış kablolar kullanılmalıdır.
- Kendisi iş parçasının bir bölümü olmadıkça, yabancı iletken parçalar kaynak dönüş devresinin bir parçası olarak kullanılmamalıdır.

- Akım dönüş kelepçesi mümkün olduğunca kaynak arkına yakın olmalıdır,
- Kaynak akımı ve akım dönüş kablolarını birleştirirken, aşırı ısınma ve alevi önlemek için iş parçası ile cihaz arasındaki bağlantının düzgün yapılması, akım dönüş mengenelerinin metale sıkıca bağlanması, pas veya boya tabakalarının temizlenmesi gerekir.
- Ekipmanı kurmada, çalıştırmada veya bakımından önce kullanma talimatı mutlaka okunmalıdır.
- Kurma, işletme, bakım ve tamir safhalarında uzman personel kullanılmalıdır.
- Ekipman talimatlara, kılavuzlara uygun olarak düzgün bir şekilde kurup topraklanmalıdır.
- Elektrik yüklü parçalara hiçbir maksatla dokunulmamalıdır.
- İyi izolasyon sağlayan kum eldiven ve koruyucu giysi kullanılmalıdır.
- Lastik tabanlı ayakkabılar giyerek veya kum bir izole altlık, üzerinde durarak toprak ve iş parçasına karşı yalıtım sağlanmalıdır.
- Tamamen izoleli elektrot tutucular kullanılmalıdır. Elektrot tutucu, soğutmak maksadıyla asla suya daldırılmamak; iletken yüzeylere bırakılmamalıdır.
- Yıpranmış, hasarlı kaynak ve torç kabloları kullanılmamalıdır. Tüm bağlantıların sıkı, temiz ve kum olduğundan emin olunmalıdır.
- Kaynak akımı taşıyan kablolar vücuda sarkmamalıdır.
- İş parçası ile temasta iken elektrikli elektrota dokunulmamalıdır.
- Kapak yerlerde kaynak yaparken terleme veya ıslak zemin ihtimaline karşı, voltaj düşürme ve uzaktan komuta teçhizatı olmadan kaynağa başlanmamalıdır. Emniyet açısından DC çıkışlı ekipman kullanmakta yarar vardır.
- Zemin seviyesinden yüksekte çalışırken düşmeleri önlemek maksadıyla, örneğin korkuluklar, duvarlar, koruma kafesleri veya benzerleri gibi diğer koruyucu elemanların olmadığı yerlerde emniyet takımı kullanılmalıdır (AWS, Sheet No. 5, 1997).
- Kullanılmadığı zamanlarda tüm cihazlar kapatılmalıdır. Görevlisi tarafından bırakılmış veya kullanım dışı cihaz tespit edildiğinde hemen güç girişinden ayrılmalıdır.
- Ekipmanı kurarken veya tamir ederken güç girişi çıkartılmalı veya makine durdurulmalıdır. Tamir sırasında emniyet uygulaması şekil 3.1'de gösterilmiştir.

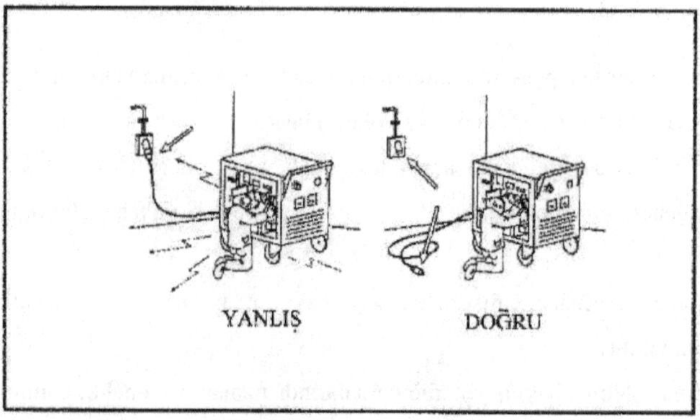


**Şekil 3.1:** Montaj veya tamir yaparken hareket tarzları

- Kullanımdan önce hasarlı parçalar tamir edilmeli veya değiştirilmelidir.
- Güvenlik otomatiği kullanarak, bir makine gövdesinde elektrik kaçağı zararlı bir düzeye (genellikle 0,030 A) geldiği zaman, besleme anahtarını otomatik olarak açarak tehlike önlenmelidir.
- Özel transformatörler vasıtasıyla, yüksek gerilim küçük gerilime düşürülerek, makine, cihaz ile aletlerde insan için tehlikeli olmayan küçük gerilimler kullanılmalıdır.
- Güvenlik transformatörü vasıtasıyla, çıkış sargısı ve sargı uçları toprağa karşı yalıtılarak, çıkış sargısından beslenen makine ve cihaz gövdelerindeki kaçak olsa bile, çalışanların kaçak elektrik akımından etkilenmeleri önlenebilir,
- Çift yalıtkanlı cihazlar, iç içe iki yalıtkan tabaka içine alınmıştır. Elektrik motoru kısmı bir yalıtkan tabaka içinde bulunur ve ayrıca cihaz gövdesinin iç yüzü de yalıtkan bir madde ile kaplanır. Elektrik tehlikesinin kritik olduğu yerlerde çift yalıtkanlı cihazlar kullanılmalıdır.
- Topraklama yaparak, işletme akım devresinin bir noktasının veya bir tesisin akım taşımayan metal kısımları ile toprak arasında iletken bir bağlantı kurmak gerekir.
- Elektrik tesislerinin, elektrik işletme araçlarının veya elektrik devresine dâhil olmadığı için gerilim altında bulunmayan iletken bölümlerinin (gövdelerinin) elektrik şebekesinin doğrudan doğruya topraklanmış sıfır iletkenine iletken olarak bağlanması gerekir.

- Kaynak telleri ve dönüş telleri akımı emniyetle taşımaya yetecek kalınlıkta olmalı ve izole edilmelidir; elektrik yüklü iletkenlere dikkatsiz geçişi önlemek ve taşman akımın yeterliliğini sağlamak için bağlantılar izole edilmelidir.
- Kaynak dönüş teli, kaynak arkına mümkün olduğunca yakın bağlanmalıdır; metal raylar, borular ve iskeletlerin kendisi iş parçası olmadıkça kaynak devresinin bir parçası olarak kullanılmamalıdır.
- İş parçası topraklaması kontrol edilmelidir. Çift izoleli güç kaynağı kullanıldığında, iş parçasını veya kaynak çıkış devresini topraklayarak aldatıcı akımlardan sakınılabilir.
- Enerjinin ana girişinde; tüm devreyi kesen ve tevzi tablolarına elektrik veren ana şalter, tevzi tabloları şalterleri ve koruyucu sigorta ile otomatik şalterler bulunmalıdır. Bu ana panoların saç tipi kapalı olması ve arka kısmına insan girmeyecek şekilde kapatılması gerekmektedir. Panoların önündeki zeminde, dokunma gerilimini düşürücü yalıtkan bir bant bulunmalıdır. Panolar teknik şartnamelere göre üretilmiş olmalı, uygun ebatta topraklama, ve nötr barası bulunmalı, pano gövdesi güvenlik; topraklaması ile birleştirilmelidir. Panoların çevresi çarpmalara karşı koruyucu korkuluk ile çevrilmelidir.
- Priz hatları mutlaka güvenlik hatlı olarak üçlü kablo ile çekilmeli, bağlanan prizler de güvenlik hatlı olmalıdır. Kırık ve kapaksız prizler kullanılmamalıdır.
- Çalışma ortamındaki faktörler dikkate alınarak elektrik motorları; su damlasına, su sıçramasına, yıldırıma, parlayıcı-patlayıcı ortama, basınçlı gazlı ortama dayanıklı olmalıdır.
- Bazı makinelerde ilk hareket sırasında fazla akım çekilmesine (3-8 kat) karşı dirençler, yol verme trafoları, yıldız-üçgen şalterlerle düzenlemeler yapılmalıdır.
- Elektrikli kaynak makinelerinde çıkış uçlarının veya kaynak devrelerinin birer kutbu, kaçak akımlara karşı iş parçasında topraklanmalıdır. Kaynak makinelerinin şalterleri tüm kutupları açacak şekilde olmalıdır.
- Kazanlar, dar ve uzun metal geçitler, boru gibi tesisler ile kapalı hacimlerde yalnızca doğru akım kullanılmalıdır.

- Punta kaynak makinelerinde operasyon noktası kapalı olmalı veya çalışmada çift el kumanda kullanılmalıdır.
- Seyyar lambaların duyları en az 250 V'a kadar yalıtılmış ve elektrik, mekanik ve ısıya dayanıklı olmalıdır. Elektrik besleme kablosu çift, izoleli olmalı ve ek bulunmamalıdır.
- Parlayıcı, patlayıcı ve yangın tehlikesi bulunan yerlerde seyyar lamba kullanılmamalıdır. Kaynak yapılan sistemde alternatif akımda 42 V, doğru akımda 100 V'un üzerine çıkılmamalıdır. Bunun üzerindeki gerilimlerle çalışmanın zorunlu olduğu durumlarda özel güvenlik önlemleri alınmalı ve çalışanlar tehlikelere karşı uyarılmalıdır.
- 65 V üzerindeki gerilimlerle çalışılan tüm cihaz ve tesisatın ve gerilim altında bulunan kısımların, dokunmalara karşı güvenlik altına alınmış, yani korunmuş olması gerekir. Koruma olarak emaye, boya gibi maddeler dokunmaya karşı yalıtkan olarak kabul edilemezler.
- Yalıtkan malzemenin izolasyon direnci faz-toprak arasında volt başına 1000 ohm'dan az olamaz. El ile ulaşılabilen yerlerdeki akım taşıyan kablo ve tesisat kısımları, çıplak uç ve bağlantıları; kapalı buat, motor klemens kutusu veya şalterin içine tamamen girmiş ve metal aksama temas etmeyecek şekilde bağlanmış ve düzenlenmiş olmalıdır,
- Elektrik makinelerine ilişkin bağlantılar, çalışma sırasında meydana gelebilecek titreşimlere dayanıklı biçimde seçilmeli ve yapılmalıdır. Özellikle sürekli olarak denetim altında bulundurulmayan elektrik makineleri aşırı ısınmalara karşı korunmuş olmalıdır. Bu koruma, uygun bir yapımla ya da otomatik koruma düzenleri (motor koruma anahtarı) kullanılarak yapılır.
- Anahtarların ucuna birden fazla iletken bağlanmamalıdır. Anahtarlar dağıtım kutusu olarak kullanılmamalıdır.
- Duy ile ekipman arasındaki kablo, topraklama kablosu olarak kullanılmamalıdır.
- Doğru kablo çapı kullanılmalıdır.
- Çalışma alanı ve ekipmanı yaş veya nemli olmamalı devamlı kuru tutulmalıdır.
- Metalik malzeme üzerine keçe ve altlık konmadan oturulmamak, yaslanmamalıdır.

- Makine boşta çalışırken veya cüruf temizleme esnasında pense koltuk altına sıkıştırılmamalıdır.
- Çivili ayakkabı giyilmemelidir.
- İlave izole altlıklarla yüksek elektrik tehlikesine karşı kaynakçı kendisini korumalıdır. İlave izole altlık kullanımı şekil 3.2'de gösterilmiştir. Kauçuk veya lastik gibi izole altlıklar veya panolar, ıslak gövdeler veya ıslak duvarlar gibi elektriği ileten parçalarla temasa karşı ilave bir önlem sağlarlar.

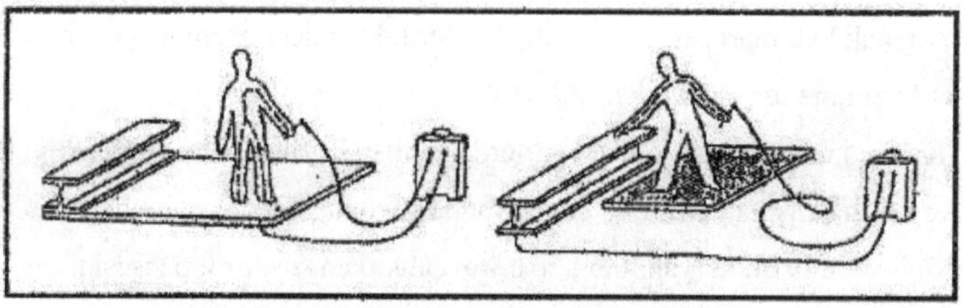

**Çizelge 3.2:** İzole altlık kullanımı

### 3.3.2 Kaza ve Sonrasında Alınması Gereken Önlemler

- Güç kapatılmalıdır.
- Akım kesilememiş ise kazazedeyi elektrikli parçalar veya tellerden uzaklaştırmak, için iletken olmayan maddeler kullanılmalıdır.
- Bir taraftan sağlık ekibine kaza ile haber ulaştırılarak, tıbbı yardım istenirken diğer taraftan solunum yolu, nefes ve nabız kontrol edilmeli, kazazede nefes almıyorsa, suni teneffüs uygulanmalıdır.
- Elektriksel yanma temiz, soğuk kompreslerle tedavi edilmelidir. Yanık bölgeler kirlenmeye karşı korunmalı; yara bölgeleri temiz, kuru bez ile örtülmelidir.
- Kazazedenin nakledilmesinden hemen sonra, kazanın nasıl meydana geldiği ve kazanın daha sonra tekrarlanmaması için gerekli tedbirler gözden geçirilmeli ve en kısa sürede uygulamaya konulmalıdır.

## 3.4 Çeşitli Kaynak İşlemlerinde Alınabilecek Önlemler

### a) Örtülü Elektrot Kaynağı

Elektrik ark kaynağında elektrik şoku özellikle, kaynak makinesinin boşta çalışması sırasında meydana gelir. Kaynak yapılırken ark gerilimi 20 ila 30 V arasında olmasına rağmen, makinenin boşta çalışması esnasında bu değer 65 ile 100 V arasında bulunur. Elektrik ark kaynağında, elektrik çarpmasını önlemede aşağıdaki tedbirlerin uygulanması riskleri büyük ölçüde ortadan kaldıracaktır:

- Kaynak pensleri, akım geçmeyecek şekilde izole edilmiş olmalıdır.
- Kaynak kabloları sağlam olmalı, üzerlerinde izolesi bozulmuş kısımlar bulunmamalıdır (TWI, Part 29, 1997).
- Kabin, kazan ve kap gibi dar yerlerde yapılan kaynaklarda, doğru akım kullanılmalı ve boşta çalışma gerilimini sınırlayan koruyucu şalterler bulundurulmalıdır.
- Kaynak aralarında (yani makine boşta çalışırken) elektrot pensesini koltuk altında tutmamalı ve izole edilmiş bir parça, tahta olabilir, üzerine bırakılmalıdır,
- Kaynak kablosunu takarken veya kutuplan değiştirirken makine boşta çalıştırılmamalı, durdurulmalıdır.

### b) Tozaltı Kaynağı

Tozaltı kaynağında da elektrik şoku özellikle kaynak makinesi boşta çalışırken meydana gelebilir. Şokun önlenmesinde aşağıdaki hususlara dikkat etmek gerekir:

- Kaynak işlemine başlamak üzere şaltere basıldığında kaynak donanımıma akım nakleden rayların, kaynak teli ve kontak: çeneleri ile temas etmemesi gerekir.
- Telin ucunu kesmek gerekirse, makine devreden çıkarıldıktan sonra kesilmelidir.
- Şalterin kaynağa başlama durumuna getirilmesi halinde, kaynak makinesi el veya bir kren ile kaldırılmamalıdır. Bu gibi işlemler makine devreden çıkarıldıktan sonra yapılmalıdır.
- Bütün şalterler ve kontrol organları topraklanmalıdır.
- Bütün kaynak kabloları sağlam olmalı ve üzerlerinde herhangi bir hasarlı kısım bulunmamalıdır.

**c) Gazaltı Kaynağı**

TIG ve MIG kaynağında kullanılan cihazlardaki elektrik gerilimi genellikle 70 V'un altındadır.

Kaynak torcunun kaynakçıyla temas eden kısımları itinalı bir şekilde İzole edilmiştir. Yalnız elektrot, akımı nakleden borular ve tel ile temasta izolasyon söz konusu değildir. Bunun için elektrotun temizlenmesi, telin kesilmesi veya elektrotu çıkarıp takarken izole edilmemiş kısımlarla temas edileceğinden, daha önce akımı kesmek gerekir. Akım kesilmediği takdirde bu kısımlarla temas etmek elektrik şokuna sebep olur.

Bir diğer konu, aşın yüklenen kaynak kablolarında kuvvetli ısınmaların meydana gelmesidir. Bunun sonucunda da kablonun izolasyonu yumuşar; hatta yanabilir. Bu gibi durumlarda kablonun hemen değiştirilmesi gerekir. Aksi takdirde izolasyon ortadan kalktığı için, bu kısımla temas elektrik şoku meydana getirir. Kablolar başlangıçta takılırken maksimum elektrik akımı dikkate alınarak uygun bir şekilde seçilmelidir.

**d) Elektron Işını Kaynağı**

Elektron ışınları ile kaynak donanımı genel olarak parçaların içerisine yerleştirildiği ve dinamik olarak vakum haline getirilmiş bir odacık, bir elektron tabancası, yüksek ve alçak gerilimi üreten, ışınlan hızlandıran ve ayarlayan bir kuvvet ünitesinden meydana gelir.

Basit tip elektron tabancaları iş parçasını anot olarak kullanır. Daha gelişmiş elektron tabancalarının ayrıca bir de anotları vardır ve iş parçası da anot potansiyelindedir. Operasyonun emin ve tehlikesiz cereyan edebilmesi için sistem anot potansiyeline eşit olmalıdır. İş parçasının toprak potansiyelinde olmasını sağlayan bağlantılar, yüksek potansiyele haiz katot, toprak altı bir potansiyelde bulunan diğer yardımcı anotlar ve bağlandıkları kabloları vakum odacığı içerisine yerleştirilmiştir.

Güç, güç ünitesinden elektron tabancasına topraklanmış kablolarla gönderilir. Vakum odasına ve elektron tabancasına olan dış bağlantılar bir metal zarf ile topraklanmalıdır. Yüksek gerilim devresinin metal zarfla topraklanması esastır. Yüksek gerilim bağlantı kabloları bükülebilir zırhlı tipte ve uygun bağlantı uçlarına sahip olmalıdır.

Çalışma odacığı, kuvvet grubu ve pompalama ünitelerinin hepsini kapsayan bir topraklama tesisatı yapılmalıdır. Böylece maksimum emniyet sağlanmış olur ve kaynakçı, odacığın dış kısmında bulunan her şeye tehlikesizce dokunabilir.

Elektrik bakımından dikkat edilmesi gereken husus; vakum odası temizlenirken veya odaya kaynak edilecek parçanın yerleştirilmesi esnasında, yüksek gerilim tesisatının devreden çıkarılmasıdır. Yüksek gerilim devresini ve elektron tabancasını kontrol eden iletkene bağlanmış kapsül tipli bir vakum şalteri vakum odasına yerleştirilerek otomatik olarak emniyetli bir izolasyon sağlanmış olur.

İlave olarak, vakum odasının kapışma konan bir kapı şalteri de kapı açık olduğu zaman otomatik olarak yüksek gerilim devresi ile odama bağlantısını keser.

**e) Plazma Kaynağı**

1,25 cm kalınlığa kadar olan sacların kesilmesinde kullanılan cihazlar minimum 100 V'luk boşta çalışma gerilimi ile çalışırlar. Daha kalın yumuşak çeliklerin kesilme işleminde kullanılan cihazlar daha gelişmiş olup, 400 V'luk bir gerilime İhtiyaç göstermektedir.

Kaynakçının, kesimin başlatılabilmesi için yüksek voltajın gerekli olduğunu; ayrıca torç, jeneratör ve çıkış kablolarına dokunmadan şalterden açıp kapama yapması gerektiğini bilmesi korunma için yeterlidir.

**f) Elektrik Direnç Kaynağı**

Elektrik direnç kaynağında, iş parçalarına bir basınç ve aynı zamanda gerekli kaynak sıcaklığım elde etmek için kuvvetli bir elektrik akımı uygulanır.

Makinenin normal çalışması esnasında hiçbir elektrik çarpması tehlikesi yoktur. Çünkü elektrotlardaki gerilim nadiren 20 V'u aşar. Fakat bu cihazların normal olarak 400 V'luk bir gerilimle beslenmesi büyük bir tehlike arz eder.

Bazı durumlarda kapılar kontrol kabinlerine ve darbeli değiştirme bağlantılarına da giriş verirler. Bu gibi kapıların daima kilitli olması gerekir.

**g) Elektro-Curuf Kaynağı**

Elektrik direnci yüksek olan cürufların bu özelliklerinden faydalanılarak, parçaların ağızlarının eritildiği ve kaynaklandığı bir kaynak usulüdür.

Yüksek akım seviyelerinde çalışıldığı için her türlü emniyet tedbirinin uygulanması gerekir. Kaynakçının mutlaka koruyucu teçhizat ve izole altlık gibi emniyet sistemleri ile çalışması gerekir.

**h) Lazer Işını Kaynağı**

Lazer, çok küçük bir alanda çok büyük miktarda enerji verebilecek şekilde düzenlenebilir. Kaynak ve kesme işlemlerinde, bu enerji metalleri çok yüksek sıcaklıklara hızla ısıtabilir (AWS, Sheet No. 19, 1998).

Lazerin çeşitli görevleri gerçekleştirmek maksadıyla çok büyük miktarlarda enerji içermesi, elektrik tehlikelerini de beraberinde getirmektedir. İlave olarak, bireysel uygulamalardan kaynaklanan elektrik tehlikeleri vardır.

# 4. KAYNAK İŞLERİNDE YANGIN YE PATLAMA

## 4.1 Yangın ve Patlamanın Sebepleri

Kaynak ve kaynağa bağlı prosesler erimiş metal, cüruf, kıvılcım ve sıcak iş yüzeyleri meydana getirir. Kaynak esnasında sıçrayan kıvılcımlar (ergimiş metal veya cüruf) çevrede yanıcı maddeler var ise bunlarla temas ettiğinde, eğer önleyici tedbirler alınmazsa yangın ve patlama meydana getirebilir.

Kıvılcım iş parçasından yatay olarak 10 metre uzağa sıçrayabilir. Diğer bir ifadeyle kıvılcım ve ergimiş metal düştüğü zaman uzak mesafelere gidebilirler. Kıvılcımlar çatlaklara, elbiseye, boru deliklerine ve zemindeki veya bölmelerdeki diğer küçük açıklıklara sızabilirler. Düşen metal ya da kıvılcımlar döşeme çatlak ve aralarına girdiğinde, için için yanmaya başlarlar ve bazen uzun süre geçmesine rağmen yangına neden olabilirler (AWS, Sheet No.6, 1995).

Kaynakçı kaynak yaparken taktığı gözlük, siperlik ve benzeri koruyucu ekipmanlar nedeni ile sıçrayan kıvılcım ve sıcak metal parçalarının nereye gittiğini göremeyebilir.

İlave olarak elektrik: şokları, kapalı hacimler ve bireysel sorumlulukların ihmal edilmesi gibi nedenlerin yangın ve patlamalara sebebiyet verebileceğini de göz ardı etmemek gerekir.

## 4.2 Yanıcı Maddeler

- Kağıt, bez, talaş, odun parçaları, plastik maddeler, boya, tiner, benzin, solvent, plastik, vs.
- Bina içerisinde özellikle ahşap, tekstil veya dokuma ürünleri, yün veya pamuklu örtü veya giysiler

- Bina dışında kuru yapraklar, otlar, çalılar veya ağaçlar.
- Yanıcı gazlar, buharlar, sıvılar, tozlar, kimyasallar
- Zeminler, bölmeler ve çatıların bölümleri sayılabilir.

## 4.3 Genel Önlemler

- İş sahasının çevresinde 10 metre yarıçapındaki bir bölge için tüm tutuşabilir maddelerin emniyeti alınmak veya uzaklaştırılmalıdır,
- Yangın önleyici malzeme kullanarak, tüm açık kapı aralıkları, pencereler, çatlaklar ve diğer açıklıklar kapatılmalı veya doldurulmalıdır..
- Tutuşabilir duvarlar, tavanlar, zeminler koruyucu perdelerle kıvılcımlardan ve ısıdan korunmalıdır.
- Duvar ve tavanlarda olduğu gibi, tehlikeleri bertaraf etmek İçin uygun bir yöntem olmadan, tutuşabilir kaplama veya tutuşabilir dâhili yapıya sahip malzeme kaynak edilmemelidir.
- Tutuşabilir madde taşıyan kaplara cüruf yerleştirilmemelidir (AWS, Sheet No.6, 1995).
- Yakın çevrede boşalıp boşalmadıkları devamlı kontrol edilen yangın söndürücüler bulundurulmak ve nasıl kullanıldığı bilinmelidir.
- Kaynak bittikten sonra, yangın ihtimaline karşı esaslı bir çevre araştırması yapılmalıdır. Sadece görünebilir, açık bir ateşin yangına sebep olmadığı; çatlak aralarında sinsice yanabilecek görünmez ateşin de var olabileceği hatırlanmalıdır.
- Düzensiz elektrik kullanımının ve aşırı yüklenmenin ısınmaya ve olası bir yangın tehlikesine sebep olabileceğini tüm çalışanların bilmesi sağlanmalıdır.
- Tüm elektrik ekipmanının ve tellerinin düzgünce yerleştirildiğinden ve tavsiye edilen devre korumasına sahip olduğundan emin olunmalıdır.
- İş kablosu mümkün olduğunca iş sahasına yakın işe bağlanmalıdır.
- Tehlikeli reaktif veya tutuşabilir gazlar, buharlar, sıvılar veya tozlan içeren ortamlarda kaynak yapılmamalıdır.

- İçerikleri ısıtıldığı zaman tutuşabilir veya patlayabilir buharlar meydana getiren bir maddeye veya içeriği bilinmeyen bir maddenin konulduğu kaba kaynak yapılmamalıdır.
- Tutuşabilir gazların, buharların veya tozların birikmesini önlemek için yeterli havalandırma sağlanmalıdır,
- Çalışma alanında yangın detektörleri vasıtasıyla bir ikaz sistemi kurulmalıdır.

## 4.4 Patlayıcı Gaz Taşıyan Tank ve Depoların Kaynağı

Patlayıcı gaz içeren tank ve depolara, kaynak öncesinde koruyucu bir madde doldurulmalıdır. Koruyucu madde su veya gaz olabilir. Şekil 4.1'de koruyucu dolgu olarak su kullanılan, şekil 4.2a'da Karbondioksit gazının, Şekil 4.2b'de ise Azot gazının kullanıldığı tehlikeli içeriğe sahip kapların kaynak işlemleri gösterilmiştir (Grothe und Kraume, 1996).

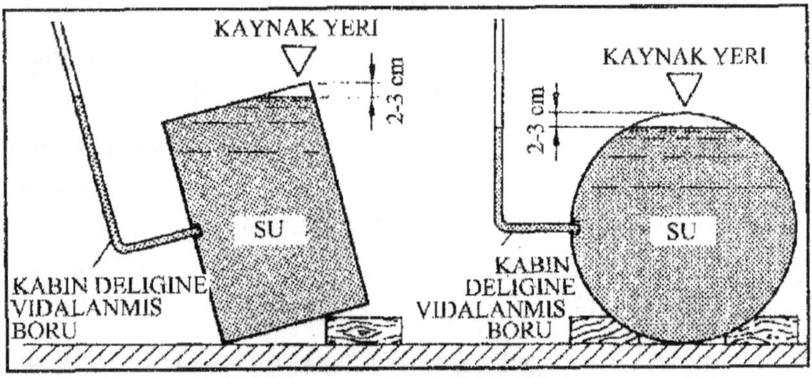


Şekil 4.1: Tehlikeli içeriğe sahip kaplarda kaynak işlemleri

(Koruyucu dolgu olarak su kullanılmıştır.)

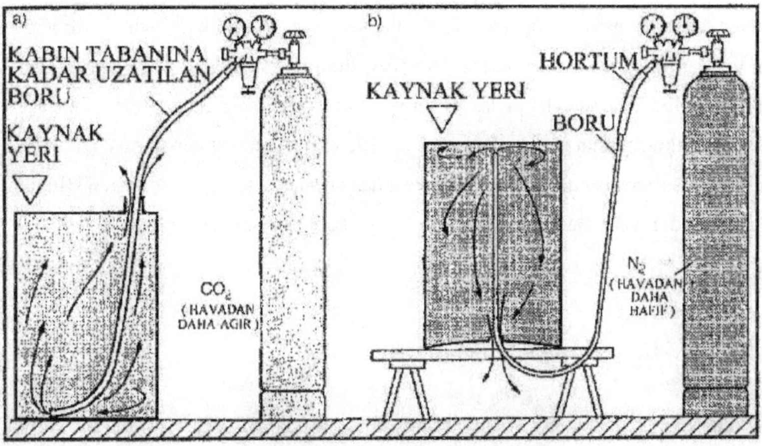


**Şekil 4.2:** Tehlikeli içeriğe sahip kaplarda kaynak işlemleri (a- Koruyucu dolgu olarak $CO_2$, b-Koruyucu dolgu olarak $N_2$ kullanılmıştır.)

## 4.5 Çeşitli Kaynak Yöntemlerinde Alınabilecek Önlemler

**a) Oksi-Asetilen Kaynağı**

Oksi-asetilen kaynağında en büyük tehlikeyi, patlayıcı gaz karışımının meydana gelmesi teşkil eder.

Asetilen oksijenle %2,8 ile 93 ve hava ile %1,5 ile 81 oranlarında karıştığı takdirde, patlayıcı gaz karışımları meydana gelir, Karışım oranlarının geniş olması, bu tür kaynağı yapan kişinin daima gaz patlaması tehlikesiyle karşı karşıya olduğunu ifade eder. Bu tehlikeli karışımlar aynı zamanda benzin, benzol, katran ve yağ fıçılarının kaynağı sırasında da meydana gelir. Patlayıcı karışımların tutuşması için, ufak bir kıvılcım yeterli olmaktadır. (Anık, 1991).

Asetilen üretim cihazlarındaki patlamalar genel olarak iki şekilde olur: Birincisi patlayıcı gaz karışımının meydana gelmesi, ikincisi patlayıcı gaz karışımının tutuşması.

**1) Patlayıcı Gaz Karışımının Meydana Gelmesi**

Her asetilen üretim cihazı; yeni olarak veya boşaldıktan sonra, üretime başlamadan önce hava ile doludur'. Asetilen üretimi esnasında, su ile temas eden karpitten elde edilmesiyle patlayıcı karışım meydana gelmemesi İçin cihazların kullanma kılavuzlarına göre havalandırılması gerekir. Bu tür patlamaların çoğunluğu, sabit tip düşürme sistemli asetilen üretim cihazlarında meydana gelmektedir. Bunun için, ön doldurucu kullanılarak, havanın cihazın içerisine girmesi önlenmelidir (Anık ve Vural, 1993).

**2) Patlayıcı Gaz Karışımının Tutuşması**

Daha ziyade düşürme sistemli üretim cihazlarında yüksekten düşen iki karpit parçası kolayca birbirine sürtünebilir. Süratli bir sürtünme neticesinde kıvılcım hâsıl olur. Bu da tutuşma için yeterlidir. Patlayıcı karışımların tutuşması, alevin cihazın içerisine geri tepmesi veya madeni parçaların birbirine sürtmesiyle de ortaya çıkabilir.

Toz karpit az miktarda su ile ıslatıldığında çok aşın bir sıcaklık meydana getirerek kızarır.

$$CaC_2 + 2H_30 \rightarrow C_2H_2 + Ca(OH)_2 + \text{Isı} \quad (4.1)$$

Bu bakımdan toz karpiti su akıtmalı sistemlerde kullanmak doğru değildir. Yalnız düşürme sistemli cihazlarda kullanılır.

Tutuşmaya karpit çamuru da sebep olabilir. (1 kg karpit için 36/64-0,562 kg suya ihtiyaç vardır ve bu reaksiyondan 74/64-1,15 kg çamur ile 26/64-0,406 kg = 350 litre asetilen elde edilir.)

Eğer bir parça karpit çamurun içerisine düşerse, yeter derecede ıslatılamadığı için ısınarak kızarır. Aynı durum çamurun uzun zaman boşaltılmadan kazan içerisinde kalması neticesinde de meydana gelebilir.

**3) Asetilen Üretim Cihazlarında Emniyet Tedbirleri**

- Cihazlar işletmelerdeki amaçlar için kullanılmak ve kullanma şartları, kullanıcı tarafından iyice bilinmelidir.
- Üretim cihazları, içerisindeki beslenme suyu ile birlikte taşınmalıdır. Bu mümkün değilse, önce gazın alınması ve sonra da çamurlu suyun boşaltılması zorunludur.
- Cihazın parçalarının sökülmesi esnasında çok dikkatli davranılmak ve parçaların birbiriyle teması sonunda kıvılcımın meydana gelmemesine dikkat edilmelidir.
- Cihazın bulunduğu yer iyice havalandırılmalıdır.
- Kışın donan cihazların çözülmesinde, sıcak su veya buhar kullanılmalıdır. Alev veya açık bir ateşle donan cihazları çözmeye kalkışmak çok tehlikelidir.
- Cihazlardaki donmayı önlemek için, cihazlar kışın pencere ve kapıların yanından uzak tutulmalıdır. Bununla birlikte, geceleri suyunun boşaltılması veya donmayı önleyici kimyevi maddelerin katılması da düşünülebilir.
- Üretim cihazının cinsine göre karpit kullanmak ve kazanın kapasitesinden fazla karpit koymamak gerekir.
- Kazana karpit koyarken veya çamuru boşaltırken, kazanın yanına sigara veya açık ateşle yaklaşılmamalıdır.

**4) Sulu Geri Tepme Emniyet Tertibatlarında Emniyet Tedbirleri**

- Her kaynak işleminde, kazan ile üfleç arasına bir sulu geri tepme emniyet tertibatı bağlanmalıdır.
- Emniyet tertibatının her kaynak işleminden önce veya günde birkaç defa su seviyesi kontrol edilmelidir.
- Sulu geri tepme emniyet tertibatları, en az ayda bir defa temizlenmelidir.
- Arada sırada emniyet tertibatının bütün kısımlarının işlevlerini yerine getirip getirmediği kontrol edilmelidir.
- Her geri tepmeden sonra, su seviyeleri mutlaka kontrol edilmelidir.

**5) Oksijen ve Asetilen Tüplerinin Kullanımında Genel Emniyet Tedbirleri**

- Her tüp satın alınmadan önce kontrol edilmelidir.
- Kullanılan tüpler, beş senede bir basınç kontrolünden geçirilerek; kontrol tarihleri tüplerin üzerine damgalanır.
- Genel olarak tüplerin dikkatli kullanılması ve zedelenmemesi gerekir,
- Arızalı tüplerdeki problemler, genellikle doldurma sırasında meydana gelir ve vahim kazalara sebebiyet verir.

**6) Oksijen Tüplerinin, Tüp Vanalarının ve Manometrelerin Kullanımında Emniyet Tedbirleri**

- Tüpler fırlatılmamalı, yuvarlanmamak ve şiddetli sarsıntılara karşı emniyete alınmalıdır.
- Tüpler depolanırken, direkt olarak güneş ışınlarının altında veya aşırı soğukta bırakılmamalıdır.
- Dolu tüplerdeki basınç, sıcaklıkla yükseldiğinden; tüpler ateşe yakın yerlere konmamalı ve yanma tehlikesi olan maddelerle birlikte depolanmamalıdır.
- Dik duran tüpler, bir çember veya zincirle düşmeye karşı emniyete alınmalıdır,
- Oksijen tüplerinin vanası ve diğer kısımları, yağlı maddelerle temas etmemelidir. Yağlı ellerle, üstüpü veya bezle tüp vanaları açılmamalıdır.
- Yüksek basınçlı tüplerde kullanılan contaların kösele olmaması gerekir. Paslanan vana ve akşamı tel fırçalarla temizlenmelidir.
- Tüp vanaları sıkı kapanmalı ve sızdırmaz olmalıdır. Önce vana gayet az olarak açılır. Böylece pas ve pislikler ağızdan uzaklaştırıldıktan soma manometre takılır.
- Manometre başlangıçta, yavaş olarak açılır. Eğer hızlı olarak açılırsa; yüksek basınçla gelen oksijen, içeride kalan hava ve gazı ısıtarak sıkıştırma salmastraları ve burada bulunan tozlar bu ismin tesiriyle tutuşur ve dolayısıyla da manometre yanar.
- Tüp vanaları yavaş açılmalıdır. Genel olarak vana volanının 1/4 veya 1/2 defa döndürülmesi yeterli olmaktadır.
- Tüp vanaları elle açılıp kapatılmalı, herhangi bir alet kullanılmamalıdır Aletle açıp kapama vana contasını bozmaktadır.
- Kaynak işlemi biter bitmez tüp vanası kapatılmak ve manometre gevşetilmelidir.

- Tüp yatay olarak yere konduğunda, baş kısmının altına bir altlık koyarak yukarı kaldırılmak ve manometre de üst kısımda bulunmalıdır. Hiçbir zaman ağız kısmı aşağıda bulunacak şekilde tutulmamalıdır.
- Boşalan tüplerin vanaları kapatılarak; dolu tüplerdeki gibi işlem görmelidir.
- Vanaların sızdırıp sızdırmadığım kontrol etmek için sabunlu su kullanılması ve tüp vanalarının müştereken bağlanması gerekir.
- Tüpler manyetik kremlerle nakledilmemelidir.
- Tüplerin yatay olarak yığma yüksekliği 4 tüpten fazla olmamalı; alt sıraya büyük tüpler yerleştirilmeli, yanları da kaymamaları için sıkı takozlarla beslenmelidir.
- Oksijen tüpleri, hiçbir zaman asetilen tüpleriyle beraber depolanmamalıdır.
- Oksijen tüpleri destek olarak kullanılıp, üzerinde kaynak yapılmamalıdır.

**7) Asetilen Tüplerinin Kullanımında Emniyet Tedbirleri**

Asetilen tüpleri doldurulurken oksijen ve diğer gazlara nazaran bazı zorluklar meydana gelmektedir. Tehlike sebebiyle ancak belirli bir dereceye kadar sıkıştırılabilirler. Bunun sebebi asetilenin kararsız bir karbonlu hidrojen olarak ayrışmaya meyilli olmasıdır.

Asetilen 300° C civarında hidrojene ayrışır ve aynı zamanda tutuşma ve yanma olmaksızın çıkış basıncının 11 misli bir basınç artışı görülür. Asetilenin basıncı yükselerek 1,5 bar'a erişince özel emniyet tedbirleri alınmadığı takdirde bir noktada başlayan ayrışma bütün gaz kütlesine yayılır. Bu nokta çok önemli olup, çeşitli emniyet tedbirleri almada anahtar rolünü oynar. Asetilen patlamalarım, yüksek basınçlarda önlemek üzere aşağıdaki çarelere başvurulur:

- Ayrışmanın bütün kütleye sirayet etmemesi için gaz serin tutulur.
- Gaz, mesamatlı maddelere iyice yayılır.
- Gaz, aseton gibi sıvılarda emdirilir.
- Asetilen tüplerinde hortum bağlayıcı olarak bakır boru kullanılmamalıdır,
- Üflecin asetileni emip emmediği, her kaynak işleminden evvel kontrol edilmelidir,

**8) Üfleçlerin Kullanımında Emniyet Tedbirleri**

- Üfleçler çok hassas cihazlardır. Oksi-asetilen kaynağında kullanılan enjektörlü üfleçlerin, gazı iyi emip emmedikleri daima kontrol edilmelidir. Meydana gelen patlamaların dörtte üçü, üfleçlerin gazı iyi emmemesi sonucu meydana gelir,
- İyi çalışmayan üfleçleri tamir etmeden kullanmamak gerekir,
- Üfleç ağızlan takılıp çıkarılırken ara somun zedelenmemelidir.
- Isınan üfleçleri suya sokarak soğutmalı ve asetilen musluğu kapalı, oksijen musluğu ise açık olmalıdır.
- Üfleçlerin ağız kısımları kirlenince hır tahta parçası üzerine sürülerek temizlenir. Temizleme işleminde metalik, parçalar kullanılmamalıdır.
- Hortumlar üflece, geri tepme emniyet tertibatına ve basınç düşürme manometresine sıkıca bağlanmalıdır, Asgari hortum uzunluğu *5* m, çapları da genel olarak yanıcı gaz hortumlarında 9 mm ve oksijen hortumlarında da 6 mm olmalıdır.
- Yanar haldeki üfleçler, tüplerin üzerine asılmamalıdır.
- Üfleçler kullanıldıktan sonra, askılarına asılmalı, başka yerlere gelişigüzel bırakılmamalıdır,
- Üfleçlerin ağız bekleri kendilerine mahsus özel anahtarlarla saplarına tespit edilmelidir.

**9) Karpit ile ilgili Emniyet Tedbirleri**

- Karpit hava geçirmez bir kapatma tertibatı ile donanımlı ve yeterli derecede sağlam kaplarda korunmalıdır,
- Karpit fıçıları kıvılcım çıkarmayan takımlarla açılmalıdır.
- Karpit fıçıları su geçirmeyecek şekilde ambalajlanmalı ve yerden en az 20 cm yükseklikte bulunan tahta takoz veya kalaslar üzerine yerleştirilmelidir.
- Çalışma yerinde günlük ihtiyaçtan fazla karpit bulundurulmamalı ve eğer ihtiyaç bir fıçıdan fazla ise, bir fıçı bitmeden diğeri açılmamalıdır.

- Açılan fıçıların ağzı özel yaylı ve sürgülü kapaklarla sıkı bir şekilde kapatılmalıdır.
- Karpit için kullanılan bütün depoların giriş ve çıkışlarına, görülecek şekilde "Karpit Deposu Girmek Yasaktır; Sigara İçilmez; Yanan Kibrit ve Açık Ateşle Yaklaşmayınız; Yangın Esnasında Su Sıkmayınız" şeklinde ibareler bulunan uyarı levhaları konulmalıdır.
- Karpit depolarında, yangına karşı otomatik su söndürme donanımı kullanılmamalıdır.
- Karpit fıçıları tercihen tek veya çift sıralar halinde yatay olarak depolanmalıdır. Su veya hava geçirmezliğine etki edebilecek fazla paslanma ve diğer hasarlar sık sık ve periyodik muayenelerle kontrol edilmelidir.

**10) Karpit Çamurunun Giderilmesinde Emniyet Tedbirleri**

- Büyük tesislerde, karpitin su ile teması neticesinde meydana gelen karpit çamurunun giderilmesi için özel kireç çamuru çukurlarına ihtiyaç vardır.
- Çamurda erimiş vaziyette asetilen bulunduğundan hiçbir zaman bu çamurun biriktiği çukurlar ile kanalizasyon sistemi arasında kanallar bulunmamalıdır.
- Küçük üretim cihazlarından çıkarılan çamurun çöp varillerine boşaltılmasına müsaade edilmemelidir.

**11) Yangın Tehlikesine Karşı Emniyet Tedbirleri**

Oksi-asetilen kaynağında, ortaya çıkan yüksek sıcaklıklar yangın tehlikesi meydana getirir. Kaynak ısısının direkt tesiri altında meydana gelen yangın başlangıcı, genellikle kaynakçının görüş sahası içerisindedir ve hemen müdahale edilirse büyük, bir tehlike arz etmez.

Malzemelerin alevlenme sıcaklıkları farklıdır. Fakat bu sıcaklıkların çoğu, kaynakta çalışılan sıcaklıkların altındadır. Yanmanın başlaması kendi kendine alevlenme şeklinde olabildiği gibi, metal parçacıkların kaynak sırasında sıçramasıyla da olabilir. Kolayca yanabilen bir malzemenin üzerine düşen bu kıvılcımlar, ufak kızgın noktacıklar meydana getirirler ve zamanla alevlenmeye sebep olurlar.

Yukarıda belirtilen sebeplerden başka, kaynakçının dikkatsiz çalışması neticesinde de yangın başlayabilir. Oksi-asetilen kaynağında üfleçlerin dikkatsiz kullanılması, kaynaktan sonra yanıcı maddelerle temas ettirilmesi yangına sebep olabilir.

Alınması gereken tedbirler şöyle sıralanabilir:

- Kaynak sahasında bulunabilecek yamçı malzeme, eşya ve tozların kıvılcım menzili dışına çıkarılması gerekir,
- Kapalı yerlerde kaynak yapılırken; binanın yanabilecek kısımlarının alevin direkt temasına ve sıçrayan metal parçacıklarına karşı yanmayan maddelerle korunması veya ıslatılması gerekir.
- Açık ateşle tamir edilecek boru veya kapların yanabilir izolasyonlarının, kaynak veya kesme işlemi süresince işlem yapılan yerden uzaklaştırılması gerekir.
- Kaynakçının kaynak sırasında etrafım görememesinden dolayı çıkabilecek yangım hemen tespit etmek üzere, yakınında bir yardımcı veya yangın söndürme cihazı bulundurulması gerekir.
- Kaynakçının üfleci uygun şekilde kullanması ve etrafa gelişigüzel bırakmaması gibi konulara dikkat edilmelidir.
- Yangın çıkma ihtimali olan kısımların kaynaktan önce ıslatılması faydalı olur.

**b) Örtülü Elektrot Kaynağı**

Arktan sıçrayan kıvılcımlar (kızgın metal zerrecikleri) ve kaynak işleminin sıcaklığı çevrede yanıcı maddeler varsa yangına neden olabilirler. Elektrik ark kaynağında elektrot artıklarının gelişigüzel şekilde ortaya atılması da, tutuşmalara sebep olabilir.

Kaynak yapılan yerlerde aşağıda belirtilen tedbirler ile yangın tehlikesi minimum düzeye indirilebilir:

- Kaynak yapılan yerin zemini beton gibi yanmayan türden yapılmış olmalıdır. Ahşap zeminler yanmayan türden bir malzeme ile kaplanmalıdır. Saclar ve ıslak kum elektrik iletkenlikleri dolayısıyla zemin malzemesi olarak kullanılamaz.
- Kaynak işlemi hiçbir zaman yanıcı ve parlayıcı maddelere yakın yerlerde yapılmamalıdır. Eğer çok özel hallerde böyle bir işlem gerekirse ancak ilgili kişilere haber verilerek, gerekli bütün önlemler atadıktan soma kaynak işlemine başlanmalıdır.
- Kaynak atölyelerinde yeterli miktarda yangın söndürme cihazı bulundurulmalıdır.
- Kaynak kabloları ve elektrik bağlantıları maksimum akım şiddetinde dahi aşırı derecede ısınmayacak bir kesitte seçilmelidir. Eski, izolasyonları aşınmış ve zedelenmiş kablolar, herhangi bir kısa devre veya yangına neden olmamaları için kullanılmamalıdır.
- Özellikle yerinde yapılmış tamir işlerinde kaynak bitiminden en az 30 dakika sonraya kadar kaynak yapılan yer gözetim altında tutulmalıdır.

**c) Gazaltı Kaynağı**

Sıkıştırılmış koruyucu gaz içeren tüplerin, dikkatli olarak nakledilmesi ve kullanılması gerekir. Çarpma, düşürme veya dikkatsiz taşıma sonucu tüplerde ve vanalarda hasar meydana gelebilir.

Koruyucu gaz tüplerinin ayarlanması ve kullanılması sırasında aşağıdaki konulara dikkat edilmesi gerekir:

- Tüplere özel itina gösterilmelidir.
- Bir regülatörü tüp vanasına bağlamadan önce regülatöre toz kaçmaması için, valf yavaşça açılıp derhal kapanır. Operatör regülatörün önünde değil, yanında durmalıdır.

- Regülatör bağlandıktan sonra ayar cıvatası saatin aksi yönünde çevrilerek gevşetilir. Sonra regülatöre yüksek basınç gelmemesi için valf yavaşça açılır.
- Kaynak yapılmadığı zamanlarda tüpler kapatılmalıdır.

**d) Plazmayla Kesme**

Plazmayla kesme esnasında cüruf ve ergiyik metal sıçramaları yangına sebebiyet verebileceğinden kesme esnasında, yakın civarda patlayıcı ve yanıcı maddeler bulunmamalıdır. Çalışma sahasının yakın civarında dolu yangın söndürme cihazları bulundurulmalıdır.

**e) Elektrik Direnç Kaynağı**

Elektrik direnci ile yapılan nokta, dikiş ve kabartılı nokta kaynaklarında çalışma şartlan ve malzeme uygun seçilmediği takdirde ergimiş veya sıcak metal parçacıklarının sıçrama tehlikesi söz konusu olmaktadır.

Alın yakma kaynağı yönteminde, kızgın metal parçacıkları, büyük miktarda etrafa sıçrar ve çalışma yerinden 6-7 metre uzağa fırlar. Ayrıca, metal parçalan makinenin ağzından serbest olarak bırakıldıktan sırada makinenin ağzından oldukça uzaklara büyük bir kuvvetle savrulurlar. Bütün bu sıçrama ve savrulmalar, yangın tehlikesine sebebiyet verebilmektedir. Emniyet tedbiri olarak yakın çevrede çalışan personelin yangın tehlikesine karşı hassas olması ve yangım görür görmez derhal tedbir alması gerekir.

**f) Lazer Işını Kaynağı**

Lazer sistemi yüksek enerji ile çok küçük bir nokta genişliği meydana getirir. Eğer ışın yanabilir maddeye isabet ederse yangın tehlikesi söz konusudur. Yanabilir her şeyin örtülerek korunduğundan ve kontrol altına alındığından emin olunmalıdır. Çünkü lazer her an beklenmedik bir yerde yangın başlatabilir. Çalışma alanı tamamen korunmalıdır.

# 5. KAYNAK İŞLERİNDE KARŞILAŞILAN DİĞER TEHLİKELER

## 5.1 Kapalı Ortamda Kaynak

### 5.1.1 Kapalı Ortamda Karşılaşılan Tehlikeler

Tank, depo, boru içi gibi kapalı ortamlarda kaynak yapma esnasında bazı önlemler alınmadığı takdirde ciddi tehlikeler meydana gelebilir.

Kapalı ortamda kaynak yaparken karşılaşılacak en büyük tehlike zehirlenme tehlikesidir. Yangın ve patlama tehlikeleri ile elektrik çarpması gibi tehlikeler ikinci derecede problem oluşturmaktadır.

Bu tehlikeler dışında mekanik, ergonomik, yanık ve gürültü tehlikeleri de diğer çalışma alanlarına nazaran yüksek risk taşımaktadır. Dolayısıyla, kapalı ortamda kaynak yaparken önceki bölümlerde bulunan tüm tehlikeleri ve önlemleri göz önünde bulundurmak gerekir.

### 5.1.2 Kapalı Ortamda Alınması Gereken Tedbirler

- Dışarıya kolay ve güvenli bir şekilde çıkabilmek için önlem (örnek olarak, depo ağzına düzgün ve güvenli bir şekilde yerleştirilmiş merdiven olabilir) alınmalıdır.
- Kapalı bölmede (depo içinde) patlayıcı gaz, zehirli gaz, havanın normal miktarda (%21 oksijen) bulunup bulunmadığı kontrol edilmelidir.
- Kapalı bölümde havalandırmayı sağlayacak bir düzenin (emiş hortumu) bulunup bulunmadığı kontrol edilmelidir.

- Herhangi bir tehlike anında yardım edebilmek için, bir yardımcının kapalı bölümdeki kaynakçıyı rahatça görebileceği veya duyabileceği bir yerde beklemesi, yardımcının yanında bir yangın söndürücü bulunması ve son olarak da kapalı bölüme girilemeyecek tehlikeli durumlarda, kaynakçıyı dışarıya çıkarmak için kullanılacak sağlam bir ipin kaynakçının beline bağlanması gerekir.
- Tüm kapı ve kapaklar açılarak kapanmalarını önleyecek tedbirler alınmalıdır.
- İçerideki hava, oksijenin yetip yetmeyeceğini anlamak bakımından düzenli olarak test edilmelidir. İçeride çalışan kaynakçı ortama yayılan (örneğin argon) gaz nedeniyle oksijensiz kalarak boğulabilir. İçerideki hava zehirleyici, yanıcı veya tepkimeye girici olmamalıdır.
- Tüm havalandırma deliklerinin açık olduğundan ve vanaların sızdırma yapmadığından emin olunmalıdır.
- Kaynak prosesleri esnasında ihtiyaç duyulmayan diğer kaynak cihazları kapatılmalıdır.
- Güç, gaz ya da diğer maddelerin kapalı hacme girişlerini hemen kesebilecek gerekli düzenekler, örneğin uzaktan komuta cihazları gibi, hazır bulundurulmalıdır.
- Herhangi bir ekipmanın hatalı çalışma riskine karşı acil durum planları önceden hazırlanmış olmalı, provalar yapılarak planlar pekiştirilmelidir. En azından içeride çalışan kaynakçı emniyet ipi ve emniyet kemeri takmalı; bir ekipman hatası olduğu zaman arkadaşları tarafından hemen dışarı çıkarılabilmelidir.
- Dar hacimlerde çalışırken sürekli taze hava sağlanmalıdır. Dar hacimde havalandırma şekil 5.1'de gösterilmiştir (Anık ve Vural, 1996).
- Küçük bodrumların, boru hatlarının, kuyuların, tankların, kazanların, kapların, çift cidarlı kabinlerin veya kimyasal aparatların içine taze hava girişi sağlanmalıdır. Ancak hava yerine oksijen sevk edilirse, giysiler bir kıvılcımla hemen alev alabilir. Bu tür durumlarda hayatta kalma şansı son derece azdır.

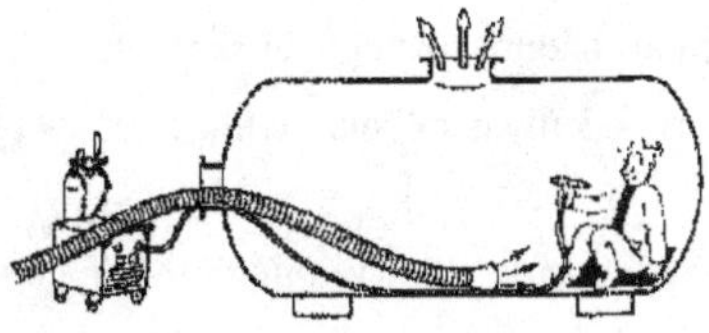

**Şekil 5.1:** Dar hacimde havalandırma

### 5.1.3 Çeşitli Kaynak İşlemlerinde Emniyet Tedbirleri

**a) Oksi-Asetilen Kaynağı**

Kazan, kap, tank gibi kapalı hacimlerin kaynağında, kaynak bölgesi muhakkak havalandırılmalıdır. Havalandırma tertibatı varsa, bundan istifade edilir. Aksi takdirde, şekil 2.5'te gösterilen solunum koruyucu maskeler kullanılmalıdır. Bu tip havalandırmalarda, tepkimeye girerek metal oksit oluşumuna sebep verebileceği için oksijen kullanmaktan kesinlikle kaçınılmalıdır. İçeriye temiz hava üflendiği gibi, açığa çıkan gaz, duman da bir aspiratörle emilmelidir. Bu aspiratörlerin dakikada 15-25 $m^3$ hava emmesi gerekir, kullanılabilecek emme sistemi şekil 2.2.b, şekil 2.2.e ve şekil 2.2.g'de gösterilen emme sistemlerinden biri olabilir.

**b) Örtülü Elektrot Kaynağı**

Kapalı ortamlarda elektrik ark kaynağı yaparken, hem ortamın dar olması hem de iletken duvarlarla istemeden de olsa temas zorunluluğu nedeniyle şok riski yüksektir.

Şok riskinin en aza indirgenmesi açısından muhakkak koruyucu elbise, teçhizat ve İzole altlık, duman ve gaz konsantrasyonlarına karşı havalandırma kullanmak gerekir.

**c) Tozaltı Kaynağı**

Kapalı hacimlerde yapılan tozaltı kaynağında hem elektrik şoku tehlikesi hem de küçük zehirli toz partikülleri nedeniyle solunum tehlikesi mevcuttur.

Koruyucu elbise, teçhizat ve izole altlık yanında toz için emme sistemi kullanılması gerekir.

**d) Gazaltı Kaynağı**

Diğer kaynak yöntemlerindeki tehlikelere ilave olarak, gazaltı kaynağında koruyucu gaz tehlikesi önem kazanır. Koruyucu gazların özellikle şekil 2.2.e'de gösterilen emme borulu maskeyle uzaklaştırılmasında fayda vardır.

## 5.2 Kaynak İşlerinde Yanıkların Meydana Gelmesi

### 5.2.1 Yanıkların Sebepleri

- Uçan kıvılcımlar
- Sıcak metaller
- Sıçramalar
- Sıcak iş parçaları
- Sıcak ekipmanlar
- Ark ışınları
- Radyasyon

### 5.2.2 Radyasyon Oluşumu

Radyasyon gözlere zarar verebilen ve cildi yakabilen alev veya ark tarafından yayılan bir elektromanyetik enerjidir (AWS, Sheet No.2, 1997).

Birçok kaynak prosesi, özellikle ark kaynağı ve lazer ışını kaynağı başta olmak üzere ciddi tedbirlerin alınmasını gerektirecek derecede radyasyon miktarları üretir. Bazı işlemler, örneğin direnç kaynağı ve soğuk basınç kaynağı ise ihmal edilebilecek seviyede radyasyon enerji miktarları üretir. Ancak tüm radyasyonlar ister az ister çok miktarda olsun tehlikeli olarak kabul edilmelidir.

Bir operatör, görünebilir ışınları görür; ancak morötesi (ultraviyole) veya kızılötesi (enfraruj) ışınları göremez.

**a) Radyasyon Çeşitleri**

Radyasyonun çeşit ve miktarları yapılan işlem ve metalin ergime sıcaklığına bağlıdır. Radyasyon iyonlaşan ya da iyonlaşmayan türden olabilir. İyonlaşan radyasyona örnek X-ışınları, iyonlaşmayan radyasyona örnek de kızıl ve mor ötesi ışınlar ile görünür ışıktır (AWS, Sheet No.2, 1997).

- **İyonlaşan Radyasyon**

Elektron ışını kaynak işlemlerinde meydana gelir. Elektron ışını kaynak alanının çevresinde uygun koruyucu kullanarak kabul edilebilir limitler içerisinde kontrol altında tutulabilir. TIG kaynağı için toryumlu tungsten elektrotların taşlanması sırasında ortaya çıkan taşlama tozu radyoaktiftir. Lokal havalandırma ve gerektiğinde solunum koruyucu maske kullanılmalıdır.

- **İyonlaşmayan Radyasyon**

Meydana gelen enerjinin dalga boyu ve yoğunluğu prosese, kaynak parametrelerine, elektrot ve ana metal bileşimine, dekapanlara ve ana metal üzerindeki tabakalar ve kaplamalara bağlıdır. Arkın görünür parlaklığı, çok düşük bir oranda artar.

**b) Radyasyonun Etkileri**

Radyasyonun etkileri ışının dalga boyuna, yoğunluğuna ve kişinin radyasyona maruz kalma süresine bağlıdır. Çeşitli etkiler mümkündür; ancak göz ve cilt hasarları en yaygın olanlarıdır. Radyasyon etkileri akut ve kronik etkiler olarak iki grupta incelenebilir:

- **Akut etkiler**

Akut etkiler olarak güneş yanığı, göz alınması, retinada hasar sayılabilir. Kızıl ötesi radyasyon, sıcak bir metalden çıkan alev veya arktan çıkarak tıpkı yanan bir yakıtın ısısı gibi etki yapar. Mor ötesi radyasyon cilt taralından hissedilmez ve tıpkı güneş yanığı etkisi gösterir. Görünür ışık ise tıpkı güneşe uzun süre bakıldığında göz alınması veya geçici körlük etkisine neden olur. Bu etki gözde koruyucu bir gözlük yoksa meydana gelir.

- **Kronik Etkiler**

Kronik etkiler cilt kanseri; kırışık, büyük noktalı ve elastik olmayan bir cilt yapısı; ameliyata gerek duyulacak ölçüde katarakt oluşumu olarak sayılabilir. Uzun yıllar morötesi ışımaya maruz kalan kişilerde cilt kanseri riski artmaktadır.

**c) Radyasyondan Korunma**

- **İyonlaşan Radyasyondan Korunma**

Gerekli koruma maruz kalma süresi, kaynak merkezinden uzaklık ve koruyucu kullanımı ile çeşitlilik arz eder. Toryumlu tungsten elektrot kullanımı sırasında, lokal havalandırma kullanılmalıdır, eğer gerekirse, tozun içe çekilmesini önlemek maksadıyla solunum koruyucu kullanılmalıdır. Toryumlu tungsten elektrotların depolanması, kaynağı veya tortuların yok edilmesi esnasında oluşan harici radyasyon normal şartlar altında ihmal edilebilir.

- **İyonlaşmayan Radyasyondan Korunma**

Uygun filtre derecesi ile beraber göz ve yüz için kaynak maskesi; cilt için deri eldiven ve koruyucu giysi kullanılarak maruz kalmaya karşı korunmalıdır. Kaynak arklarından yansımalar olabileceğinden, tüm personel keskin yansımalardan korunmalıdır (titanyum oksit ve çinko oksidin kullanıldığı boyalar ultraviyole radyasyon İçin düşük bir yansıtıcı Özelliği taşıyan başlıca yalıtkanlardır). Diğer çalışanların direkt veya yansıma sonucu radyasyona maruz kalmaması için kaynak teçhizatlarının bulunduğu yerler paravanlar, perdeler kullanılarak veya yeterli mesafeler bırakılarak diğer çalışma istasyonları, koridorlar veya yürüyüş yolları maruz kalmaya karşı korunmalıdır. Düzgün bir koruma başlığına ilave olarak, morötesi ışınlardan korunmak için yan siperlikli emniyet gözlükleri takılmalıdır. Yan siperlikler, yansıyan morötesi ışınlara karşı koruma sağlarlar.

### 5.2.3 Yanıkların Önlenmesi

- Kuru, izolasyon sağlayan eldiven giyilmelidir
- Elektrot tutucular, torç uçları ve üfleç lüleleri gibi sıcak ekipmanlara dokunmak yanıklara neden olabilir. Kaynak prosesleriyle ilişkili parçalara dokunurken her zaman izoleli eldiven kullanılmalı veya belirli bir soğuma periyodu bırakılmalıdır (AWS, Sheet No.7, 1995).
- Deri eldiven, kalın gömlek, pantolonlar, yüksek ayakkabılar ve kep gibi koruyucu elbiseler giyilmelidir.
- Ergimiş metal ve kıvılcımları tutabilecek veya yakalayabilecek pantolon veya cepleri açık ceket giyilmemelidir (AWS, Sheet No.7, 1995),
- Yüksek topuklu ayakkabı veya ateşe dayanıklı botlar ve deri dizlik giyilmelidir.
- Yüz, boyun, kulaklar ve başı korumak için maske takılmalıdır.
- Yan korumaları bulunan koruma gözlükleri takılmalıdır.
- Baştan yukarı seviyelerde kaynak yapmada, örneğin tavan kaynağında veya kapalı yerlerde kulakları kıvılcımlardan korumak için ateşe dayanıklı kulaklıklar ve koruyucu şapkalar kullanılmalıdır.

- Elbise gresten, yağdan, çözücüden veya her hangi tutuşabilir bir maddeden uzak tutulmalıdır.
- Personel herhangi bir kaynak prosesi yaparken tutuşturucu veya kibrit gibi kolay alev alabilen her şey uzak tutulmalıdır.
- Eğer kolay tutuşabilen maddeler kaza ile üzerine dökülürse, yangına, dayanıklı elbise bir kaynak prosesinden önce değiştirilmelidir.
- Kaynak prosesleri için uygun önlükler, dizlikler, omuz örtüleri kullanılmalıdır.
- Nadiren de olsa, ağır kaynak işlemleri gerektiğinde, ekstra koruma için çarşaf metal koruyucular kullanılmalıdır.
- Yüksek tehlikeler taşıyan proseslerde, otomasyona ciddi önem verilmelidir.
- Ekipman elektrik yüklü iken tamir edilmeye çalışılırsa ark kontağı sebebiyle yanıklar, hatta şoklar meydana gelebilir.

### 5.2.4 Diğer Çalışanların Yanıklardan Korunması

- Yakındaki personel ve gözetleyicileri korumak için yanmaz perde ve bariyerler kullanılmalıdır.
- Diğer çalışanların yanmasını ve yangın tehlikesini önlemek için sıcak iş parçalan işaretlenmelidir.
- Eğer iş birkaç kişinin çalışmasını gerektiriyorsa, hepsinin aynı tip koruyucu elbise giymesi ve gerekli işlemleri herkesin takip etmesi sağlanmalıdır.

### 5.2.5 Çeşitli Kaynak Yöntemlerinde Alınacak Önlemler

#### a) Oksi-asetilen Kaynağı

Oksi-asetilen kaynağında özellikle üfleç ucuna veya kaynak yapılan iş parçasına dokunma ile yanıklar oluşmaktadır. Yine üfleçlerin kullanılmadığı zamanlarda rastgele bırakılması diğer çalışanlar için tehlike oluşturmaktadır. Yanıktan korunmak için öncelikle kullanılan yakıcı malzemelere sahip çıkılarak ortalığa bırakılmaması sonra da her ihtimale karşı kaynak atölyelerinde tüm personelin koruyucu elbise ve eldiven kullanması sağlanmalıdır.

**b) Örtülü Elektrot Kaynağı**

Elektrik ark kaynağında, elektriksel yanıklardan çok ışınların sebep olduğu yanıklar önem kazanmaktadır. Kaynak yapılırken meydana gelen elektrik arkı, bir enerji dönüşümünü meydana getirir. Kaynak makinesinden alman elektrik enerjisi, ısı ve ışık şekline dönüşür.

Elektrik ark kaynağında; parlak, morötesi ve kızılötesi olmak üzere üç çeşit ışın meydana gelir. Elektrik enerjisinin ışın haline dönüşen miktarı %15'idir. Bu enerjinin % 10'u ultraviyole, % 30'u parlak ve %60'ı da enfraruj ışınlardır. Bu ışınlar, kaynak yapan kişinin gözleri ve cildi üzerinde zararlı etkilere sahiptir.

- **Parlak Işınlar**

Parlak ışınlar, gözleri kamaştırırlar. Bu ışınlardan korunmak için, maskeler kullanılır. Parlak ışının şiddeti, akım şiddetine bağlı olarak değişir. Akım şiddeti arttıkça, ışının etkisi de artar. Bu nedenle, kaynağın cinsine ve akım şiddetine göre çeşitli koyulukta camlar kullanılmalıdır. Genel olarak aşağıdaki camlar tavsiye edilebilir:

**Çizelge 5.1:** Parlak ışınlar için akıma göre cam koyuluktan

| **Cam Rengi** | **Akım Şiddeti (A)** |
|---|---|
| Çok açık | 20-80 |
| Açık | 60-200 |
| Orta | 150-300 |
| Koyu | 250-500 |

- **Enfraruj Işınlar**

Bu ışının etkisi, sıcaklık ile kendini gösterir. Kaynakçının vücudunda açık kısımlarda, yanma şeklinde etki yapar. Enfraruj ışınlar kaynakçılarda, fiziki gerginlik meydana getirir ve kaynak işleminin verimini düşürür. Bu etki koruyucu elbise ve maske ile giderilir.

- **Ultraviyole Işınlar**

Ark kaynağında meydana gelen ışınlar içerisinde en tehlikeli olanıdır. Cilt ve gözde yanıkların meydana gelmesine sebep olurlar. Bu nedenle, bütün vücudun bu ışınlara karşı korunması çok önemlidir. Böyle bir ışına maruz kalmış bir kişide, birkaç saat sonra baş ağrısı ve daha sonra gözlerde yanmalar meydana gelir. Ciltte meydana gelen yanıklar, güneş yanığı gibi yüzeyseldir (The Radiation Protection Service, 1994).

Kaliteli koruyucu camlar bütün ultraviyole ışınları emer. Ancak bu camların Önceden iyi bir kontrolden geçmesi şarttır. Ultraviyole ışınlar yalnız kaynak yapan kişiler için değil, aynı zamanda çevrede çalışanlar için de zararlıdır. Böyle bir ışına maruz kalmış olan kişilerin gözlerinde birkaç saat sonra yanma baş gösterir. Bu yanmalarda özellikle baş ağrısını müteakip meydana gelir. Bu nedenle, kaynak yapılan yerin muhafaza altına alınması veya kaynak yapılan yerin yakınında çalışmak zorunda olan kişilerin de korunması gerekmektedir.

Kaynak yapan kişinin, bu ışınlardan korunması için; maske kullanımının yanında, cildinin açık kısımlarının da korunması gerekir, Ultraviyole ışınlar, cilt üzerinde güneş yanığı gibi yüzeysel yanıklar meydana getirir. Bundan da en fazla kaynakçı zarar görür.

Yanmayı önlemek için vücudun açık kısımları bilhassa eller ve boyun korunmalıdır. Özellikle yazın kaynakçılar sıcaktan şikâyet ederek kollarım sıvar veya yarı çıplak vücutla çalışırlar. Böyle durumlarda vücudun açık kısımları hemen yanar. Ultraviyole ışınların şiddeti çok fazla olduğundan normal kumaş elbiseler birkaç hafta içerisinde gevrekleşerek parçalanır. Bunun için deri elbiseler tavsiye edilir.

**c) Tozaltı Kaynağı**

Normal durumda, tozaltı kaynağında ark bir toz yığını altında yandığından gözle görülmez. Ancak hatalı bir kullanma bazen ark ışınlarının görünmesine sebep olabilir.

Bazen de, kaynak telinin durumunu kaynak ağzı içerisinde görmek üzere, toz dökülmeden arkı tutuşturmak gerekir, Bu gibi hallerde gözleri ark ışınından korumak üzere, renkli camlı bir göz maskesini kaynakçının yanında bulundurmak yararlı olur.

Kaynağa başlarken ark, kalın bir toz tabakası altında tutuşur. Fakat kaynak telinin bazen başlangıçta etrafa sıçramayarak tutuşması mümkündür. Sıçramadan dolayı gözleri sıcak cüruf parçalarından korumak üzere renksiz bir koruyucu gözlük takması gerekir.

**d) Gazaltı Kaynağı**

Koruyucu gazla yapılan kaynakta ark, kuvvetli bir ultraviyole ve enfraruj ışınları meydana getirir. Bu ışınların yoğunluğu da artan akım şiddetiyle yükselir. Gazaltı kaynak: tekniğinde ortaya çıkan ışıma enerjisi tozaltı kaynak tekniğinde ortaya çıkandan daha fazla olabilir. Genellikle alüminyum kaynağında ve argon koruyucu gaz kullanılması halinde ortaya çıkar. Argon kullanılan prosesler, diğer koruyucu gazların kullanıldığı proseslerin çoğundan daha fazla radyasyon meydana getirir,

TIG-kaynağında tungsten elektrotun ergimemesi için uygulanan akım yoğunluğu rölatif olarak düşüktür. Bu özellikle, TIG-kaynağını normal ark kaynağından çok farklı bir şekilde ayırmadığından ışınlardan korunmak için bilinen esaslara riayet etmek yeterlidir.

- **Gözlerin Ark Işınlarından Korunması**

Koruyucu gözlük için uygun koruma seviyesi seçilmelidir. Açık renk gözlükler asla kullanılmamalıdır. Gerekli koruma seviyesi, kaynak akımının yüksekliğine, esas metale ve kaynakçının kişisel göz hassasiyetine bağlıdır. Bu nedenle tavsiye edilen kullanımın üst veya altındaki koruma kademesine sapmalara müsaade edilebilir.

Uzun ark boyuyla kaynak yapmada daha yüksek koruma kademesi seçilmelidir. Ayna gibi sırlanmış koruyucu gözlükler, ısınmayı sınırlar. Bu tip gözlükler özellikle yüksek akımlarla yapılan MIG/MAG kaynağında uygundurlar.

MIG kaynağında yüksek akım yoğunluğu ile çalışıldığından meydana gelen ultraviyole ışınlar çok kuvvetlidir. Kaynak yapılan malzemenin cinsine göre ışınların bir maksimuma erişmesi çeşitli dalga boylarında olur. Genellikle çizelge 5.2'de verilen camlar tavsiye edilebilir:

**Çizelge 5.2:** MIG kaynağında akıma uygun cam çeşitleri

| **Camın Rengi** | **Akım Şiddeti (A)** |
|---|---|
| Çok Açık | 10-60 |
| Açık | 50-100 |
| Orta | 120-220 |
| Koyu | 180-400 |

- **Vücudun Ark Işınlarından Korunması**

Ultraviyole ışınlara maruz kalan çıplak insan cildi kızarır ve yanar. TIG ve MIG arkının oluşturduğu bu kısa dalga boylu ışınların yoğunluğu ve şiddeti fazla olduğundan, korunmayan cilt ile birkaç dakikalık teması, ciltte ağır yanıklar meydana getirir,

Normal pamuklu iş gömlekleri cildi zararlı ışınlara karşı tam olarak koruyamaz. Bu nedenle, vücudu TIG ve MIG kaynağı arkının çıkardığı ultraviyole ışınlara karşı iyi bir şekilde korumak için deriden yapılmış koruyucu elbise giymek gerekir.

Koruyucu gaz kaynağındaki arkın yaydığı yoğun ışıma, sadece kaynakçının kendisi için değil, çevredeki diğer çalışanlar için de tehlikelidir. Bu nedenle kaynak yapılan noktanın etrafının panolarla kapatılması gerekir. Diğer çalışanların ışınlardan perdelerle korunması şekil 5.2'de gösterilmiştir (Anık ve Vural, 1996).

Kaynağa yardım edenlerin veya kren operatörlerinin de koruyucu gözlüklerle ışımalara karşı korunması sağlanmalıdır. Yansıyan ışınlar hesaba katılarak; açık renkli, parlak duvarlardan kaçınılmalıdır.

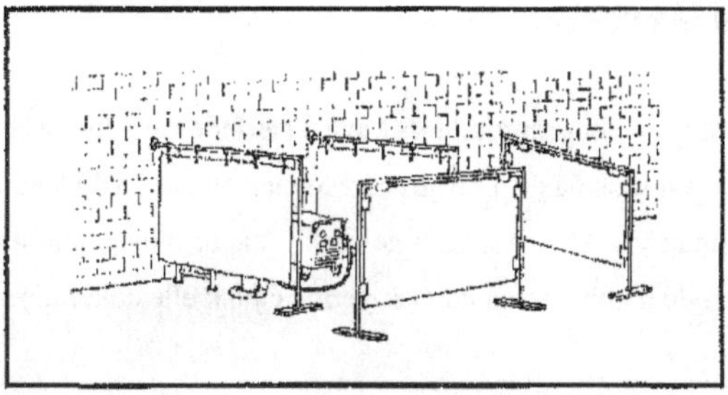

**Şekil 5.2:** Diğer çalışanların ışınlardan perdelerle korunması

**e) Elektron Işını Kaynağı**

Yüksek gerilimli elektron ışını kullanılmasının en büyük mahsuru görülmeyen bir tehlike olan X-ışınlarıdır. Vakum odasının duvar ve pencerelerine tehlikeli bir derecede nüfuz eden X-ışınlarına karşı kaynakçı yeterli derecede korunmalıdır. Küçük dalga boylarında X-ışınları daha nüfuz edicidir. Radyasyon dalga boyu, hızlandırma yüksek gerilim ile ters orantılıdır. Odanın duvarlarından dışarı çıkabilecek miktardaki X- ışınlarının hangi gerilim üstünde meydana geldiğini hesaplamak ve bir kesin değer vermek çok güçtür. Bu husus yalnız gerilimle ilgili olmayıp aynı zamanda kullanılan makinenin tipine, oda duvarlarının kalınlığına ve kaynak edilen malzemenin cinsine bağlıdır. Genel olarak 50 kV'tan aşağı bir gerilimle çalışan makineler için tespit edilen duvar kalınlıkları kâfi gelmektedir. Gerilim yükseldikçe duvar (cidar) kalınlığını artırmak veya daha iyisi duvarı kurşun levhalarla kaplamak gereklidir, Makinenin X-ışınlarına karşı korunma sağlayan kısımları otomatik kilitlerle o şekilde ayarlanmalıdır ki, bu kısımlar vazife görmeyecek pozisyonda oldukları zaman makine otomatik olarak durmalı veya çalışmamalıdır.

**f) Plazma Kaynağı**

Plazma arkı üfleci 50 ile 1000 A dalga boyuna haiz olan X-ışınları, morötesi ışınlar, görünen ışık ve kızılötesi ışınlar yayınlar. Doğal olarak morötesi ışınlarına karşı göz ve cildi korumak için gerekli tedbirleri almak gerekir.

### g) Elektrik Direnç Kaynağı

Çalışma sırasında bazı durumlarda kaynak yerinde bariz bir ısı belirtisi görülmez ve soğuk olduğu yanılgısına düşülür. Bunun sonucu olarak da dikkatsizlikle bu parçalara dokunulduğunda yanıklar meydana gelebilir. Yanık oluşumunu önlemek için soğuk gibi görünse bile hiçbir zaman kaynak yerine çıplak elle dokunulmamalıdır.

### h) Lazer Işını Kaynağı

Birçok kullanımda özel koruma tedbirleri gerekebilir. Zarardan korunma için optik yoğunluk (koruma faktörü) ve dalga boyunun her ikisi için de sınıflandırılmış gözlük kullanılmalıdır. Koruyucu gözlük, kullanılan lazer sistemi üreticisinin talimatlarına uygun olmalıdır.

Lazer ışınırım birincil tehlikesine ilave olarak önemli derecede ikincil tehlikesi de olabilir. Standart koruyucu gözlükler yalnız başlarına koruma sağlamaz. Bazı lazer sistemlerinde, morötesi ışın çalışma alanına sızabilir. Böylece, gözlük birincil ışın koruma, ikincil koruma ve ayrıca morötesi koruma sağlamalıdır.

## 5.3 Kaynak İşlerinde Gürültü

### 5.3.1 Gürültü

Gürültü; insanların işitme sağlığım ve duyusunu olumsuz yönde etkileyen, fizyolojik ve psikolojik dengesini bozan, iş performansını azaltan, ortamın sakinliğini azaltarak veya yok ederek niteliğim değiştiren, gelişigüzel bir spektruma sahip istenmeyen seslerden oluşan önemli bir çevre kirleticisidir.

Bilimsel olarak, gürültü birkaç frekanstan oluşur ve frekans veya genlikte rastgele değişiklik içerir. Hava mekanik olarak karıştırıldığı zaman ses dalgalan üretilir. Ses frekansı ve yoğunluğu ile ölçülür.

Gürültü türleri, sahip olduğu frekans spektrumuna, ses seviyesinin zamanla değişimine ve sesin yayıldığı ortamın yapışma bağlıdır.

### 5.3.2 Gürültünün Nedenleri

Kaynak ve bağlı proseslerde, güç kaynağından veya diğer ekipmandan dolayı gürültü olabilir. Aşırı gürültü bir sağlık tehlikesidir ve fiziksel olarak korunmayı gerektirir. Pek çok kaynak işlemi ve ona eşlik eden jeneratörler, ekipmanlar, presler, motorlar, matkaplar, çekiçler, testereler çok ses üretirler. Kalıcı işitme kaybına uğramamak için, kulak koruyucusu kullanmak gereklidir.

### 5.3.3 Gürültü Şiddet Birimleri

İnsan kulağı, bir ses gücünün değeri hakkındaki kararını kesin bir terimle ifade etmez. O ses gücü hakkındaki kararını diğer bir ses gücünden ne kadar büyük veya ne kadar küçük olduğu şeklinde verir. Bu davranış, çok geniş bir güç aralığım içine alır. Böyle bir güç aralığını belirtmek için uygun bir logaritmik cetvel kullanılması gerekmektedir.

Bu cetvel on tabanına göre alınmış logaritma ile gösterilen ses gücü cetvelidir ve Alexandre Graham Bell'in hatırasına binaen “BELL” in onda biri olan, "DESİBELL" ile ifade edilir ve “dB” ile gösterilir,

### 5.3.4 İnsan Kulağı Duyma Eşiği

Genç ve sağlıklı bir insan kulağı 1000 Hz’lik bir sesi 20 µPa civarında duyar ve bu değere insan kulağının duyma eşiği denir. İnsan Kulağı Acı Duyma Eşiği, 100 Pa’lık ses basınç seviyesindedir. Acı duyma eşiği kişilere göre farklılık gösterebilmektedir. Acı duyma eşiği gürültü şiddeti olarak da 120-140 dB aralığında kişilere göre değişmektedir.

Sağlıklı ve genç bir insan kulağı 20 Hz ile 20.000 Hz arasındaki frekanslara sahip sesleri duyabilir. Bu bölgeye "İşitilebilir Frekans Aralığı" denir. 0 ile 16 Hz frekans aralığındaki seslere "İnfra Ses", frekansı 18.000 Hz'den büyük olan seslere de "Ultra Ses "denir. Gürültü özelliklerine bağlı olarak geliştirilmiş olan "Ses Seviyesi Ölçme Cihazları" ile ortamın gürültüsü ölçülür. Kaynakhanelerde bulundurulmasında fayda vardır.

### 5.3.5 Gürültüye Maruz Kalmanın Etkileri

- Kısmen veya tamamen ve geçici veya kalıcı işitme kaybına neden olabilir,
- İşitme kaybı geçici eşik değişimi olabilir; kulaklar gürültü kaynağından uzaklaştıkları zaman düzelebilir,
- Fiziksel ve ruhsal huzurunuzu etkileyecek strese neden olabilir (AWS, Sheet No.3, 1997).
- Talimat ve uyarı işaretlerini duyamadığınız zaman kazalara neden olabilir.
- Bir kişi eğer aynı gürültü seviyesine uzun periyot boyunca maruz kalırsa, işitme kaybı sürekli hale gelebilir.
- Bireysel etkilenme, gürültü seviyesi ve maruz kalma süresine bağlı olan sürekli İşitme kaybının iyileştirilmesi için zamana ihtiyaç vardır.
- Gürültünün bedensel fonksiyon ve davranışlar üzerinde etkisi kanıtlanmış olup; etkilere bağlı olarak gürültü seviyeleri çizelge 5.3'de gösterilmiştir,
- Psikolojik olarak davranış bozuklukları, öfkelenme, genel rahatsızlık duygusu, sıkılma
- Fiziksel olarak geçici veya kalıcı işitme hasarları
- Fizyolojik vücut aktivitesinde değişiklikler, kan basıncında artış, dolaşım bozuklukları, solunumda hızlanma, kalp atışlarında hızlanma, ani refleksler.
- Performans olarak iş veriminde azalma, konsantrasyon bozukluğu, hareketlerin engellenmesi.

**Çizelge 5.3:** Gürültü seviyelerinin derecelendirilmesi

| Derecesi | Gürültü Seviyesi (dB) | Meydana Gelen Etkiler |
|---|---|---|
| 1 | 30 -65 | Rahatsızlık, öfke, kızgınlık, uyku düzensizliği ve konsantrasyon bozukluğu. |
| 2 | 65-90 | Fizyolojik reaksiyonlar, kan basıncı artışı, kalp atışlarında ve solunumda hızlanma, beyin sıvısındaki basıncın azalması, ani refleksler. |
| 3 | 90-120 | Fizyolojik reaksiyonların artması, baş ağrıları |
| 4 | 120 | İç kulakta devamlı hasar, dengenin bozulması. |
| 5 | 140 | Ciddi beyin tahribatı |

### 5.3.6 Gürültüden Korunma

- Gürültü kaynağının şiddeti azaltılmalıdır.
- Gürültü kaynağı bir muhafaza altında tutulmalıdır.
- Gürültüyü kontrol etmek için gürültü kontrol metotları kullanılmalıdır.
- Eğer kullanılan metotlar gürültüyü kabul edilebilir seviyeye indiremiyorsa, duruma uygun olarak kulak tıkaçları veya kulaklık gibi kişisel koruma aparatları kullanılmalıdır.
- 8 saatlik çalışma süresinde 85 dB'in üzerinde gürültüye maruz kalınmamalıdır.
- Eğer gürültü şüpheli ise, ölçüm ve tavsiye almak için bir uzmana başvurulması gerekmektedir.

### 5.3.7 Çeşitli Kaynak Yöntemlerinde Alınacak Önlemler

**a) Gazaltı Kaynağı**

Özellikle MIG/MAG kaynağında oluşan gürültü WIG kaynağına nazaran daha fazla meydana gelmektedir. Eğer sık olarak ara veriliyorsa bir problem teşkil etmez. Ancak uzun periyotlar için tehlikeli olabilir. Kulaklık kullanmakta fayda vardır.

**b) Plazma Kaynağı**

Plazma demeti üfleçten hem yüksek sıcaklıkta hem de çok hızlı (yaklaşık olarak 6.600 m/s) çıkar. Bu yüzden kaynakçı kulaklarım özel kulaklıklarla korumalıdır. Çeşitli kaynak işlemleri için ses seviyeleri çizelge 5.4'de gösterilmektedir.

**Çizelge 5.4:** Çeşitli kaynak yöntemleri için ses seviyeleri (Grothe und Kraume, 1996)

| Kaynak Yöntemi | Ses Seviyesi (dB) |
|---|---|
| Yakarak Oyma | 80-90 |
| Yakarak Kesme | 85-95 |
| Alevle Püskürtme | 85-95 |
| Alevle Isıtma | 90-100 |
| Alevle Doğrultma | 90-100 |
| Gaz Kaynağı | 75-92,5 |
| Elektrik Arklı Oyma | 110-120 |
| Örtülü Elektrot Kaynağı | 85-95 |
| Elektrik Arklı Püskürtme | 90-95 |
| Plazma İle Kesme | 100-110 |
| Plazma İle Püskürtme | 90-110 |
| Sürtünme Kaynağı | 90-93 |
| Koruyucu Gaz Kaynağı (MIG/MAG) | 90-95 |
| Koruyucu Gaz Kaynağı (WIG) | 75-85 |
| Tozaltı Kaynağı | 75-85 |

## 5.4 Kaynak İşlerinde Ergonomi

### 5.4.1 Ergonomi

Ergonomi, çalışma alanı ile çalışanlar arasında ilişki kuran bir bilim dalıdır. Ergonominin amacı, değişik sağlık problemlerinin ortadan kaldırılabilmesi ve verimin artırılabilmesi için çalışma ortamının nasıl dizayn edileceği ve çalışana nasıl adapte edileceğidir. Başka bir ifade ile ergonomi, insan faktörleri mühendisliği diye de adlandırılır ve çalışanları işyerine uyumlu hale getirmekten ziyade çalışanların ihtiyaçlarına uygun olarak işyerinde düzenleme yapmayı gerektirir (AWS, Sheet No, 13, 1995). Örneğin çalışma masasının yüksekliğinin artırılması çalışanın birçok kez işine ulaşmak için gereksiz yere aşağıya doğru eğilmesini önleyecektir.

Bir işyeri düzgün olarak düzenlendiği zaman, çalışan kişi görevini yerine getirirken hem fiziksel hem de psikolojik olarak kendisini daha rahat hisseder. Gelişmiş ortamlar sayesinde kalite ve üretim artar ve tüm çalışanlar yarar görür. Ergonomi, işyerlerinde işçileri olumsuz etkileyen çalışma koşullarının iyileştirilmesi ile ilgilendiği için geniş bir bilimsel yelpazeyi içine alır. Örneğin, gürültü, aydınlatma, ısı, titreşim, çalışma alanının dizaynı, el aletleri dizaynı, makine dizaynı, sandalye dizaynı, ayakkabı dizaynı ve iş dizaynı gibi. Ek olarak, mesai saatleri, vardiya, mola saatleri, yemek rejimi gibi konular da ergonominin temel konulandır. Gelişmiş ülkelerde öncelikli olarak karşılaşılan sağlık ve güvenlik problemleri içinde ergonomik problemler büyük oranda yer almasa da, birçok çalışan kötü işyeri dizaynı gibi ergonomik problemlerden etkilenmektedir. Sonuç olarak, sağlık problemlerinin sıklığı ve önemi zayıf ergonomik ilişkilerden doğmaktadır. Ergonomi, kötü çalışma ortamının yarattığı yorgunluk, sağlıksızlık ve rahatsızlık sorunlarını çözmek için biyoloji, psikoloji, anatomi ve fizyoloji bilimlerinin yöntemlerini kullanır. Günümüzde her ne kadar otomasyonda hızlı artışlar mevcut olsa da insan gücüne muhakkak ihtiyaç olduğundan, çalışanlarda sırt ağrıları, bilek, kol, bacak ve göz rahatsızlıkları görülmektedir. Ergonomik prensiplerin uygulanmadığı işyerlerinde çalışanlar kötü koşullara alışmaya zorlanmaktadır.

### 5.4.2 Çalışma Sahası Düzenleme Faktörleri

- Çalışanın fiziksel kabiliyeti
- Torcun ağırlığı
- Aletlerin düzenlenmesi
- Işın pozisyonu
- Bireysel kaynak işleminde vücut mekanikleri
- Kaynakçının kullandığı koruyucu teçhizatın tipi
- İş hacmi (genişlik, ışıklandırma, ısı, gürültü, titreşim, vs.)
- İşin fiziksel gereksinimleri (kaldırma, çevirme, uzanma)
- İşin zihinsel gereksinimleri (motivasyon, dikkatlilik, konsantrasyon)

### 5.4.3 Kötü Ergonomiden Kaynaklanan Problemler

- Tekrarlanan gerilim hasarları
- Birikmiş travma yaralanması
- Düşük üretkenlik ve kalite
- Çalışanların tatminsizliği

Kötü koşullarda çalışmak zorunda kalanlar el, bilek, eklem, sırt ve diğer organları ilgilendiren ciddi sakatlanmalar ile karşılaşmaktadırlar. Kötü çalışma koşullan ve uygun olmayan el aleti kullanımı sonucunda sakatlanma ve hastalanma süreci çok yavaş gelişir. Fakat bu süreç içinde kötü koşulların yarattığı bazı sinyaller ve belirtiler çalışanlar tarafından algılanır. Örneğin çalışanın evine gittiği zaman kas ve eklem ağrısı çekmesi gibi. Daha sonra ciddi sorunlar yaratacak bu belirtilerin sebebi mutlaka araştırılmalıdır. Bu sakatlanmalar aşağıdaki nedenlerden meydana gelebilir:

- Titreşim meydana getiren makinelerin uzun süre kullanılması,
- Ellerin ve kasların dönmesine neden olan görevler ve aletler,
- Ters yönde güç uygulama,

- Ellere, bileklere, sırta ve eklemlere fazla yük binmesi,
- Kolların baş üzerinde çalışmaya zorlandığı işlerde,
- Belin devamlı eğilmeye zorlandığı işlerde,
- Ağır yüklerin itildiği veya kaldırıldığı işlerde

Çalışanların, ergonomik kurallar uygulanmadan yaptıkları işten dolayı karşılaşabilecekleri tehlikeleri ve tehlikelerin belirtilerim bilmeleri gerekir. Tekrarlanan işler genellikle kas ve iskelet sistemi sakatlanmalarına ve hastalıklarına neden olurlar. Tekrarlanan gerilim hasarlarının oluştuğu ilk günlerde çalışan kişi çalışma sonunda acı ve yorgunluk hisseder. İleri durumlarda vücudun etkilenen bölümlerinde yoğun halsizlik ve ağrı duymaya başlar. Daha da ileri durumda bu şikâyetler kalıcı olur ve çalışan kişi işini yapamaz duruma gelir.

### 5.4.4 Ergonomik Problemlere Karşı Alınabilecek Önlemler

Kaynak atölyesinde düzenlemeler yaparak iyi bir ergonomi oluşturulabilir. Örneğin ayarlanabilen masalar, makaralı perdeler, teller ve hortumlar için makaralar, parçaların her yönde transferi için vinç ve kaldırma sistemleri, portatif emme ve havalandırma tertibatları, ses yalıtımlı duvarlar, gürültü sönümleyici cihazlar, manzaralı ve aydınlık bir ortam sağlayan pencereler bu düzenlemelere örnek gösterilebilir (Grothe und Kraume, 1996). Atölyenin düzenlenmesi dışında tekrarlı hareketlerin hasarlarının önlenmesi gerekir. Tekrarlanan gerilim hasarları aşağıdaki tedbirlerle önlenebilir:

- İşten kaynaklanan risk faktörleri ortadan kaldırılarak,
- İş sırası değiştirilerek ve işçi daha az hareketli işe verilerek,
- Tekrarlanan iş sırasında daha fazla mola verilerek

Çalışan kişilerle karşılıklı diyalog yoluyla iş ile ilgili muhtemel çözümler ve yeni tasarım metotları planlanmalıdır. İşyerindeki yeni düzenlemelerde çalışanlarla birlikte karar verme, çalışanların kendilerim prosesin bir parçası olduklarım hissetmelerini sağlayacak, diğer gelişmeler için fikirlerin artmasını sağlayacaktır.

## 5.5 Kaynak İşlerinde Mekanik Tehlikeler

### 5.5.1 Mekanik Tehlikelerin Nedenleri

Metallerle çalışılan diğer endüstri alanlarında olduğu gibi, kaynak işlemleri de çok nadir olarak izolasyon sağlanarak yapılmaktadır. Tüm ekipman ve aletler normal olarak çalışma alanına yakın civarda bulundurulur. Metal malzemelerin kullanımı veya malzemeye olan yakınlık, kaynakçıyı mekanik tehlikelerle karşı karşıya getirmektedir. Bu nedenle güç aygıtlarının ve çeşitli el aletlerinin düzgün kullanılması kaynak emniyeti açısından önemlidir. Cihazların emniyet limitleri ve düzgün kullanımları bilinmeli ve uygun koruyucular ve kişisel koruyucu teçhizatlar kullanılmalıdır.

Örnek vermek gerekirse, elektrik direnç kaynağı özellikle giyotinle kesilmiş veya presten çıkmış sac parçalarına uygulanır. Bu yüzden parçaların kenarları keskin ve çapaklıdır. Bunların sebep olduğu sıyrık ve kesilmeler, çapakların kaynaktan önce temizlenmesi veya kaynakçının eldiven kullanması ile önlenebilir.

Yine, elektrik direnç kaynağı makinelerinde en az bir elektrot büyük bir kuvvetle hareket eder. Bu nedenle makine bir prese benzer. Şayet makine çalıştırıldığı sırada bir parmak veya el elektrotlar arasında sıkışırsa oldukça tehlikeli ezilme kazaları meydana gelir. Her makine için ezilme tehlikesi olduğu unutulmamalıdır.

### 5.5.2 Kişisel Korunma Tedbirleri

- Uygun yüz koruyucuları, emniyet camları ve gözlükleri kullanılmalıdır.
- Kaynak esnasında deri eldiven kullanılmalıdır.

- Yüzük, kolye, bileklik, küpe gibi emniyetsiz takılardan sakınılmalıdır.
- Uzun saç veya uzun sakalın tehlike meydana getirebileceği unutulmamalıdır.
- Keskin nesnelere, küçük ve hareketli nesnelere dikkat edilmelidir.
- Soğumuş, sert ve gevrek cürufun çekiç ile temizleme esnasında göze sıçrama olasılığı olduğundan, cüruf temizlerken koruyucu gözlük kullanılmalıdır.

### 5.5.3 El Aletlerinin Güvenliği

- İş için gerekli aletin doğru boyutlara sahip olduğundan emin olunmalıdır.
- Aletler nerede kullanılması tasarlanmışsa orada kullanılmalıdır. Örneğin, bir tornavidayı oyma veya yontma işinde kullanmak gibi sıkça karşılaşılan ve cazip görünen işlerden sakınmak gerekir. Doğru işe doğru alet hem işi hızlandırmakta, hem de emniyet sağlamaktadır.
- Aletlerin kaymasını önlemek için sıkıca kavranması gerekmektedir.
- Bir alet kapasitesinin üzerinde zorlanmamalıdır.
- Aletlerin çıkma, gevşeme veya saplarının zayıflaması gibi durumlara karşı önceden kontrol edilmesi gerekir (AWS, Sheet No.8, 1995).
- Uygulanan etki kuvvetine karşı aletlerden tepki kuvveti geleceği bilinmelidir.
- Aletin bir parçasının çalışma sırasında fırlayıp çıkmasına karşı tedbir alınmalıdır.
- Ağırlık ve yay gerilimi gerektiren aletlerin kullanılmasında, tüm basınç ve serbest bırakmanın güvenlik yöntemleri içinde yapıldığından emin olunmalıdır.
- Elektrikli aletler birbirine paralel bağlanmamalıdır. Paralel bağlama, aletlerin güvenliğini bozar ve ciddi bir tehlike meydana getirebilir.
- El aletleri emniyetli bir yerde bulundurulmalıdır. Birçok kaza aletlerin merdiven, raf veya yapı iskelelerinden hareket ettirildiğinde düşmesiyle meydana gelmektedir. Her bir alet, alet kutusunda veya elektrikçi çantasındaki yerine konmalıdır.

## 5.6 Kaynak İşlerinde Düşme Tehlikeleri

### 5.6.1 Düşmenin Nedenleri

- Kullanılmayı bekleyen veya bırakılmış parçalar.
- Zemin seviyesinden yukarıda çalışırken sağlam emniyet kemeri ve takımının kullanılmaması.
- Hatalı ekipmandan dolayı meydana gelen elektrik şoku.
- Ani ve yüksek gürültüler (AWS, Sheet No,9, 1995).
- Merdivenler, bariyerler, yapı iskeleleri ve ağlar gibi emniyet ekipmanlarının hatalı veya düzensiz olarak kullanılması veya yerleştirilmesi.
- Kişisel korumanın ihmali, örneğin ayakkabılarda kaygan tabanların kullanılması.
- Aletlerin emniyetsiz olarak uzaktaki kişilere fırlatılması,
- Riskli pozisyonda çalışan kişiyi şaka ile itmek gibi lüzumsuz ve emniyetsiz hareketler.
- Kaynak başlıkları ve koruyucu gözlük gibi emniyet teçhizatı yüzünden sınırlı görüşün meydana gelmesi.

### 5.5.3 Düşmenin Önlenmesi

- Çalışma anında işe yoğunlaşmalıdır.
- Çalışma alanındaki en küçük değişikliğe dikkat edilmelidir.
- Çalışanların zihnini meşgul edecek faaliyetlerden kaçınılmalıdır.
- Görüşü kapatan veya dengeyi bozan nesnelerin taşınması önlenmelidir.
- Çalışma sırasında personelin birbiriyle şakalaşması önlenmelidir.
- Çalışma sahası temiz, düzenli ve kuru bulundurulmalıdır.
- Gereksiz değişiklik ve risklerden kaçınmalıdır.
- Ayakkabı tabanlarının kaygan olmamasına dikkat edilmelidir.
- Cilalı, kaygan zeminlerde riskli hareketlerden kaçınılmalıdır.

## 5.7 Kaynak İşlerinde Kontakt Lens Kullanımı

### 5.7.1 Kontakt Lens Kullanımında Problemler

1967 yılında, Amerikan Kaynak Enstitüsü'ne, hem ark ısısı hem de mikrodalga ışıması yüzünden lenslerinin eriyip gözlerine yapıştığını iddia eden bazı kaynakçıların şikayetlerde bulunması ile birlikte kaynak işlerinde kontakt lens kullanımı ile ilgili tehlike konusu gündeme gelmiştir (AWS, Sheet No. 12, 1997). Ancak şikâyetleri araştıran Amerikan Mesleki Emniyet ve Sağlık İdaresi (OSHA), Gıda ve İlaç İdaresi (FDA) ve Ulusal Emniyet Konseyi (NSC) tarafından böyle yaralanmaların meydana gelmesinin mümkün olmadığı açıklanmıştır. Aynı dönemde, Amerikan Optimetri Birliği (AOA) de, lens malzemelerinde, dizaynında, takmada ve bakım yöntemlerinde kat edilen gelişmelerin kontakt lenslerle bağlantılı problemlerin büyük çoğunu giderdiğini bildirmiştir. Tüm araştırmaların sonucunda kontakt lens kullanımının birçok normal durumda kaynakçılar için bir problem teşkil etmediği anlaşılmaktadır.

### 5.7.2 Kontakt Lens Kullanımında Önlemler

Her ne kadar kaynak işlerinde kontakt lens kullanımının normal şartlarda tehlike meydana getirmediği bilinse de; olabilecek kazalara karşı aşağıdaki emniyet tedbirlerinin alınması, çalışanların korunmasını sağlayacaktır:

- Kontakt lensler endüstriyel alanlarda emniyet tedbirleri ile uyumlu bir kombinasyonda kullanılmalı; şiddetli ısı, kuvvetli kimyasal sıçramalarda yaralanmalara karşı koruyucu gözlük kullanımı ile önlem alınmalıdır.
- Tüm ilk yardım personeli, lenslerin düzgün olarak çıkarılması konusunda eğitilmelidir.
- Hassas kaynak işlerinde, kontakt lens kullanımının merkezi ve çizgisel görüşü artırması sebebiyle gözlük kullanan kaynakçılar lens kullanmaya teşvik edilmelidir.
- Çalışanlar kontakt lens kullanıyorlarsa bunu yetkili kişilere hatırlatmalıdırlar.
- Çalışanlara, çalışma sırasında, kontakt lenslerini kaybetme veya zarar görme ihtimaline karşı yedek kontakt lens veya gözlük veya her ikisini birden bulundurmalarında yarar vardır.

## 5.8 Kaynak İşlerinde Kalp Pili Kullanımı

### 5.8.1 Kalp Pili Kullanımında Problem

Kalp pilleri, kalp hastalarına düzenli kalp ritmi sağlamak amacıyla takılan cihazlardır. Bu cihazlar elektrikle çalıştığı için, fonksiyon kabiliyetleri güçlü elektromanyetik alanlar tarafından etkilenebilmesi kaynak işlerinde büyük risk taşımaktadır (AWS, Sheet No. 16, 1997).

### 5.8.2 Kaynak İşlerinde Elektromanyetik Alanlar

Elektrik arkı ile kaynak ve kesme prosesleri şiddetli elektrik ve manyetik (elektromanyetik) alanları meydana getirir. Kalp pili taşıyan kişiler, doktorlarına danışmadan ve cihaz üreten firmadan bilgi almadan kaynak ve kesme işlemlerine yaklaşmamalıdırlar.

### 5.8.3 Elektromanyetik Etkiyi Azaltma Önlemleri

- Akım ayarları gereğinden yüksek biçimde kullanılmamalıdır.
- Kaynak kabloları birbirine sarılarak veya bantla tutturularak mümkün olduğunca bir arada muhafaza edilmelidir.
- İş parçası mümkün olduğunca kaynağa yakın olarak kıskaçla tutturulmalıdır.
- Güç kaynağı ve kablolar mümkün olduğunca uzakta muhafaza edilmelidir.
- Kalp pili taşıyan kişilerde rahatsızlık durumu görüldüğü anda, kaynak işlemi durdurulmalı ve derhal tıbbi kontrolden geçmesi sağlanmalıdır.
- Kalp pili taşıyanlara tek başlarına çalışmasına müsaade edilmemelidir.
- Kalp pili taşıyan ve kaynak işlerinde çalışan kişilerin, doktorla görüşüp, işleri ile ilgili bilgi vermeleri gerekir. Kalp pilleri çeşitlidir ve doktor, parazitten daha az etkilenebilecek olan kalp pilini seçerek çalışana yardımcı olabilir.

## 5.9 KAYNAK İŞLERİNDE KİLİTLEME VE ETİKETLEME

### 5.9.1 Tanımlar

"Kilitleme" düğme, vana çevirme veya açmadan kaynaklanan mekanizmaları koruyan bir kilit sistemi kurma olarak anlaşılmalıdır (AWS, Sheet No. 18, 1997).

"Etiketleme" kilitleme cihazı üzerine bir etiket koymayı ifade eder. Etiket, kısa bir mesajla birlikte "TEHLİKE" veya "UYARI"ya işaret eder. Etikete tarih ve kişi adı eklemek suretiyle, en son kimin kullandığının kolayca belirlenmesi için bir kontrol sistemi oluşturmak mümkündür.

Her iki sistem de yetkisiz kişilerin kullanımından doğabilecek tehlikeleri önlemek maksadıyla uygulanır. Bir örnek olarak, elektron ışın kaynağında vakum odasına yetkisiz kişilerin kolayca girebildiğim veya lazer ışınının yetkisiz olarak kullanıldığını düşünürsek doğabilecek tehlikeler kolayca anlaşılabilir.

### 5.9.2 Önlemler

- Çalışanlar, kilitleme ve etiketlemenin amaçlan konusunda eğitilmelidir.
- Düğmelere ve vanalara, kullanımlarım önlemek maksadıyla kilit ve etiketler yerleştirilmelidir. Eğer aynı ekipman ile birden fazla kişi çalışıyorsa, kilitleme noktasında herkesin kendi kilitleri ve etiketlerini kullanması uygun olacaktır.
- Kilitleme işleminden sonra ekipmanın çalıştırılıp çalıştırılmadığı kontrol edilmelidir. Eğer ekipman ve vanalar çalıştırılamıyorsa işlem yerine getirilmiş demektir. Eğer çalıştırılabiliyorlarsa kilitlerin nereye konulabileceği veya ilave kilide ihtiyaç olup olmadığı kontrol edilmelidir.

# 6. STANDARTLAR

## 6.1 Kaynakçılar İçin Göz Koruyucuları (TS 6859/ Nisan 1989)

### 6.1.1 Tanımlar

- **Zararlı Işınlara Karşı Koruyucu Gözlük:** Doğrudan doğruya göze veya emniyet şapkasına takılarak kullanılan ve gözleri mor ötesi, kızılötesi ve şiddetli görünür ışınlardan koruyan filtreli gözlüktür.
- **Filtre:** Kullanım amacına göre ışığın belirli dalga boylarındaki kısmının geçişine müsaade edip diğer kısımlarını tutan optik elemandır.
- **Filtre Camı:** Gözlüğün çerçevesine takılan filtredir.
- **Filtre Plakası:** Kutu tipi gözlüğün çerçevesine takılan filtredir (şekil 6.12).
- **Koruyucu Cam:** Filtre camını kaynak ve kesme esnasında meydana gelen sıçramalardan, kaynak dumanı vb. korumak için kullanılan uygun biçimli renksiz elemandır.
- **Koruyucu Plaka:** Filtre plakasını kaynak ve kesme esnasında meydana gelen sıçramalardan, kaynak duman vb. korumak için kullanılan uygun şekilli renksiz elemandır (şekil 6.12).
- **Koruma Kapasitesi:** Filtre camı veya filtre plakasının gözleri zararlı ışınlardan koruma derecesidir. (Bu kapasite filtre camı veya plakasının mor ötesi, görünür ve kızıl ötesi ışınlarla ilgili geçirgenlik oranıyla belirtilir.)
- **Genel Tip Koruyucu Gözlük:** Filtre camı kullanılarak gözleri zararlı ışınlardan koruyan yan koruyuculu veya yan koruyucusuz gözlüktür (şekil 6.2, şekil 6.6).
- **Bir Katlı, Açılır Kapanır Koruyucu Gözlük:** Gözü korumak amacıyla yan koruyuculu veya yan koruyucusuz, filtre camlı kasnağı yukarı, aşağı açılıp kapanan gözlüktür (şekil 6.3, şekil 6.7),

- **İki Katlı Üst Katı Açılır Kapanır Koruyucu Gözlük**: Genel amaçlı ve çerçevesinin ön üst kısmına menteşe ile tutturulan kasnağı yukarı-aşağı açılıp kapanan gözlüktür (şekil 6.4, şekil 6,8).
- **Emniyet Şapkasına Takılan Koruyucu Gözlük:** Emniyet şapkasının ön kısmına takılabilecek tertibatı olan gözlüktür (şekil 6.5, şekil 6.9).
- **Sabit Takma Koruyucu Gözlük:** Genel amaçlı gözlük çerçevesinin üst kısmına takılabilecek tertibatı olan gözlüktür (şekil 6.10).
- **Açılır Kapanır Takma Koruyucu Gözlük:** Genel amaçlı gözlük çerçevesinin alt kısmına takılabilecek tertibatı olan ve kasnağı yukarı, aşağı açılıp kapanan gözlüktür (şekil 6.11).
- **Kutu Tipi Koruyucu Gözlük:** Gözleri korumak amacıyla yan koruyucuları kendinden, tek camlı ve çerçevesi kutu olarak biçimlendirilmiş gözlüktür (şekil 6.12).
- **Fincan Tipi Koruyucu Gözlük:** Gözleri korumak amacıyla yan koruyucular kendinden iki camlı ve çıkıntılı olarak biçimlendirilmiş gözlüktür (şekil 6.13).
- **Yan Korumasız Koruyucu Gözlük:** Gözleri yan taraftan gelebilecek zararlı ışınlar, sıçrayan maddeler vb. de gözleri koruma tertibatı olmayan gözlüktür.
- **Yan Korumalı Koruyucu Gözlük:** Gözleri yan taraftan gelebilecek zararlı ışınlar, sıçrayan maddelerden gözleri sabit veya hareketli koruma tertibatı olan gözlüktür.
- **Takma Gözlük:** Normal gözlüğe takılan koruyucu gözlüktür.

### 6.1.2 Kapsam

Bu standart, çalışanların gözlerini mor ötesi, kızıl ötesi ve şiddetli görünür ışınlardan koruyan gözlükleri kapsar. Nükleer ışınım, X-ışınları, lazer ışınları ve düşük sıcaklık kızıl ötesi ışınlarına karşı kullanılan gözlükler ile güneş ve moda gözlüklerini kapsamaz.

### 6.1.3 Uygulama Alanı

Bu standart, kaynak, kaynakla kesme, maden izabesi vb. işlerde çalışanların gözlerini koruyan gözlüklere uygulanır (çizelge 6.1).

**Çizelge 6.1:** Uygulama alanına göre filtre seçilmesi

| Filtre Numarası[1] | Arkla kaynak ve kesme (kullanılan amper) | | | Gaz kaynağı ve kesme | | | | | | Yüksek sıcaklık işi | | Diğer işler |
|---|---|---|---|---|---|---|---|---|---|---|---|---|
| | Örtülü ark kaynağı | Koruyucu gaz kaynağı | Karbon arklı havalı kaynak ağzı açma ve kesme | Kaynak ve sert lehim[2] | | | | Oksijen ile kesmede[4] | Plazma ile kesme (A) | | | |
| | | | | Ağır metallerin kaynağı ve sert lehim | Işın yayan tozlar[3] Işın yayan tozları kullanarak yapılan kaynak | | | | | | | |
| 1,2 | Yandan ve dağınık gelen ışınlar | | | Yandan ve dağınık gelen ışınlar | | | | | | - | Konverterler v veya diğer çeliklerin fırınlanması | Kar, yol, çatı veya kumdan yansıyan ışın işleri sterilizasyon lambası veya kızıl ötesi lambaların kullanıldığı işler |
| 1,4 | | | | | | | | | | | | |
| 1,7 | | | | | | | | | | | | |
| 2 | | | | | | | | | | Yüksek fırın kütük ocakları ingot döküm | | |
| 2,5 | | | | | | | | | | | | |
| 3 | | | | | | | | | | | | |
| 4 | - | - | - | 70 veya altı | 70 veya altı (4d) | | - | - | - | | | Ark lambası veya cıva lambası kullanma çalışması |
| 5 | 30 veya altı | | | 70-200 | 70 -200 (5d) | 900-2000 | | | | | | |
| 6 | | | | 200-800 | 200-800 (4d) | 2000 - 4000 | | | | Elektrikli fırınlarda çalışma | - | - |
| 7 | 35-75 | | | 800'den çok | 800'den çok | 4000 - 6000 | | | | | | |
| 8 | | | | - | - | - | | | | | | |
| 9 | 75-200 | 100 veya altı | 125-225 | - | - | | | - | | - | - | - |
| 10 | | 100- 300 arası | | | | | | | | | | |
| 11 | | | | | | | | | 150 veya altı | | | |
| 12 | 200-400 | 300-500 | 225-350 | | | | | | 150-250 | | | |
| 13 | | 300-500 | | | | | | | 250-400 | | | |
| 14 | 400'den çok | | 350'den çok | | | | | | | | | |
| 15 | | 500'den çok | | | | | | | | | | |
| 16 | | | | | | | | | | | | |

[1] Korucu gözlükler biri kod numarası diğeri de filtre numarası olmak üzere birbirinden tire il ile ayrılan iki numara ile ifade edilir. Kaynak işlerinde kullanılan koruyucu gözlükler ise sadece filtre numarası ile tarif edilir. (TS 5557)

[2] Saat başına tüketilen asetilen miktarı (l/h)

[3] Saat başına tüketilen oksijen miktarı (l/h)

[4] Sert lehim ve gaz kaynağında toz kullanılıyorsa sodyumdan 589 nm dalga boyunda ışın yayılır. Bu boydaki dalgaları emen filtreler (d ile gösterilen) kullanılır. Örnek olarak 4d, hem koruma numarası 4 olan dalgaları emer hem de d filtresi vardır.

### 6.1.4 Sınıflandırma

- **Gözlük Tipleri:** Yan korumasız, yan korumalı, takma, çıkma gözlük olarak dörde ayrılır.
- **Türler:** Genel amaçlı, bir katlı açılır kapanır, iki katlı açılır kapanır, emniyet şapkasına takılı olarak dörde ayrılır.
- **Takma Gözlükler:** Sabit, açılır-kapanır olarak ikiye ayrılır.
- **Çıkma Gözlükler:** Kutu tipi, Fincan tipi olarak ikiye ayrılır.
- **Cam Biçimine Göre:** Yuvarlak ve dikdörtgen olarak ikiye ayrılır.

### 6.1.5 Özellikler

**a) Gözlük Çerçevesinin Özellikleri**

Gözlük çerçevesinin özellikleri TS 3545, TS 1290 ve TS 6453'e uygun olmalıdır.

**b) Yüzeyler**

- **Filtre Camı ve Filtre Plakası:** Yüzey düzgün ve pürüzsüz olmalı ve üzerinde renk gölgesi, çizik, kazınmalar, kabarcık, pullanma ve yabancı maddeler bulunmamalıdır. Filtre camı ve filtre plakasının koruma kapasitesi değerleri çizelge 6.2'de verilmiştir.

- **Koruyucu Cam ve Koruyucu Plaka;** Yüzeydeki izler, hava kabarcığı, habbeler, saydam olmayan donuk bölgeler, derin çizikler, camlaşmayan mineral, pullanma, yabancı maddeler ve damar bulunmamalıdır.

**c) Malzeme**

Cam ve plaka dışındaki gözlük elemanlarında kullanılan malzeme, kullananın cildine değen yerlerde, cildi tahriş etmeyecek ve herhangi bir cilt hastalığına sebep olmayacak özellikte olmalıdır.

**Çizelge 6.2:** Filtre camı ve filtre plakasının koruma kapasitesi değerleri

| Filtre numarası | **Mor ötesi ışınların geçirgenliği** (Max. %) | | **Görünür ışınların geçirgenliği (%)** | | | **Kızıl ötesi ışınların geçirgenliği** (Max. %) | |
|---|---|---|---|---|---|---|---|
| | **313 nm** | **365 nm** | **Max.** | **Standart** | **Min.** | **Yakın kızıl ötesi** | **Orta kızıl ötesi** |
| 1,2 | 0,0003 | 50 | 100 | 82,1 | 74,4 | 37 | 37 |
| 1,4 | 0,0003 | 35 | 74,4 | 67,4 | 58,1 | 33 | 33 |
| 1,7 | 0,0003 | 22 | 58,1 | 50,1 | 43,2 | 26 | 26 |
| 2,0 | 0,0003 | 14 | 43,2 | 37,3 | 29,1 | 21 | 13 |
| 2,5 | 0,0003 | 6,4 | 29,1 | 22,8 | 17,8 | 15 | 9,6 |
| 3 | 0,0003 | 2,8 | 17,8 | 13,9 | 8,5 | 12 | 8,5 |
| 4 | 0,0003 | 0,95 | 8,5 | 5,18 | 3,2 | 6,4 | 5,4 |
| 5 | 0,0003 | 0,30 | 3,2 | 1,93 | 1,2 | 3,2 | 3,2 |
| 6 | 0,0003 | 0,10 | 1,2 | 0,72 | 0,44 | 1,7 | 1,9 |
| 7 | 0,0003 | 0,037 | 0,44 | 0,27 | 0,16 | 0,81 | 1,2 |
| 8 | 0,0003 | 0,013 | 0,16 | 0,100 | 0,061 | 0,43 | 0,68 |
| 9 | 0,0003 | 0,0045 | 0,061 | 0,037 | 0,023 | 0,20 | 0,39 |
| 10 | 0,0003 | 0,0016 | 0,023 | 0,0139 | 0,0085 | 0,10 | 0,25 |
| 11 | 0,0003 | 0,00060 | 0,0085 | 0,0052 | 0,0032 | 0,050 | 0,15 |
| 12 | 0,00020 | 0,00020 | 0,0032 | 0,0019 | 0,0012 | 0,027 | 0,096 |
| 13 | 0,000076 | 0,000076 | 0,0012 | 0,00072 | 0,00044 | 0,014 | 0,060 |
| 14 | 0,000027 | 0,000027 | 0,00044 | 0,00027 | 0,00016 | 0,007 | 0,04 |
| 15 | 0,000094 | 0,0000094 | 0,00016 | 0,000100 | 0,000061 | 0,003 | 0,02 |
| 16 | 0,000034 | 0,0000034 | 0,000061 | 0,000037 | 0,000029 | 0,003 | 0,02 |

### 6.1.6 Çeşitli Gözlük Tipleri

Çeşitli gözlük tipleri aşağıdaki şekillerde sırası ile verilmiştir:

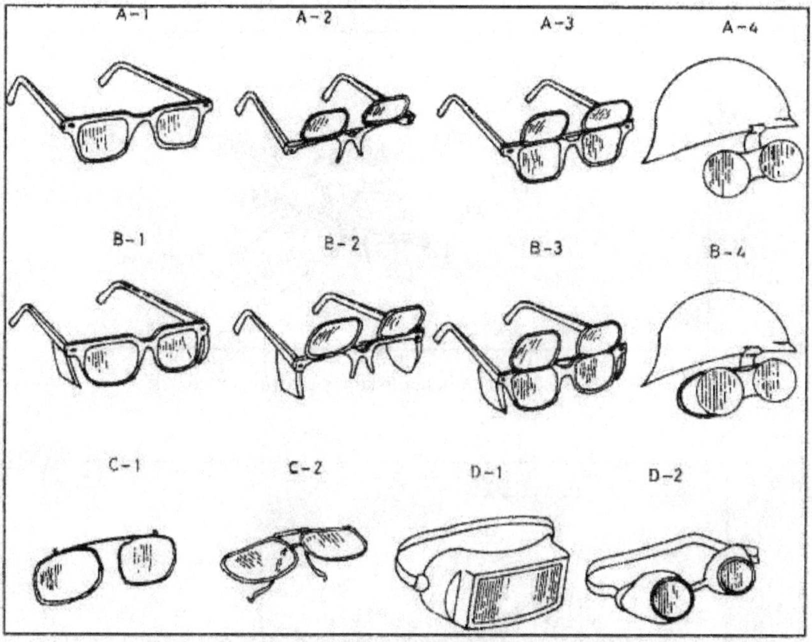


**Şekil 6.1:** Koruyucu gözlüklerin referans biçimlerine göre sembollerle gösterilişi

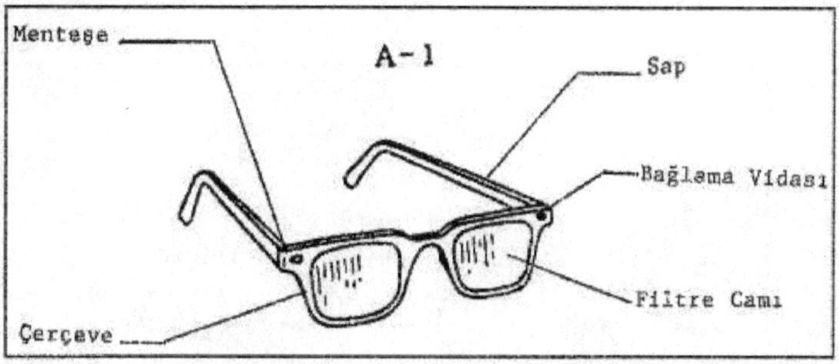


**Şekil 6.2:** Genel tip koruyucu gözlük

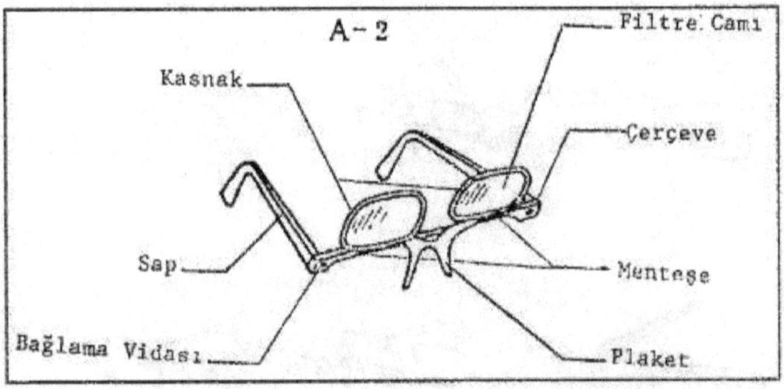


**Şekil 6.3:** Bir katlı, açılır-kapanır koruyucu gözlük

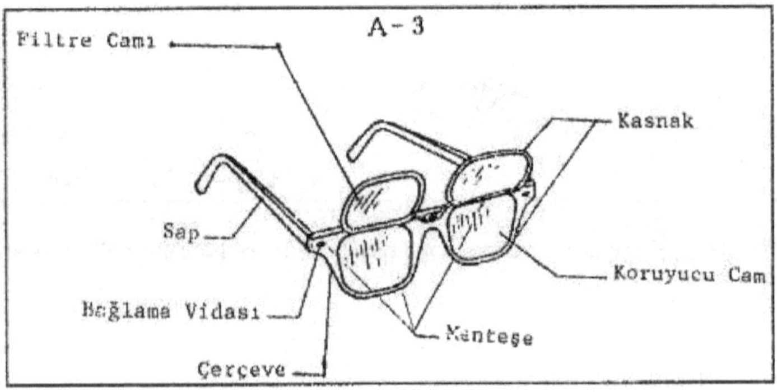


**Şekil 6.4:** İki katlı, üst katı açılır-kapanır koruyucu gözlük

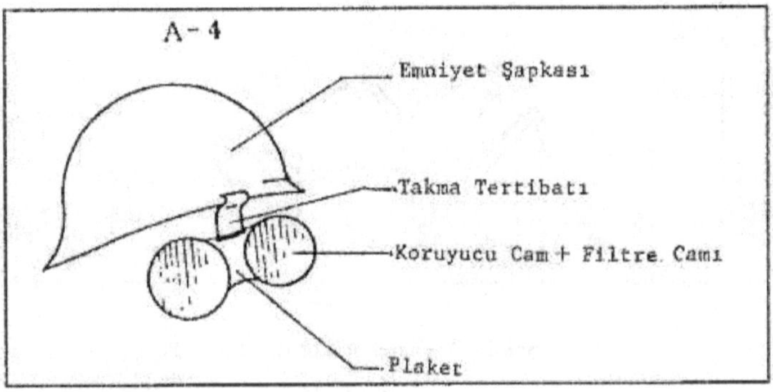


**Şekil 6.5:** Emniyet şapkasına takılan koruyucu gözlük

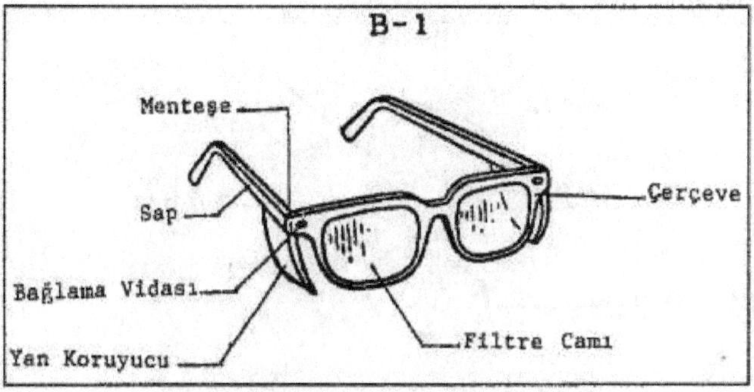


**Şekil 6.6:** Genel tip koruyucu (yan korumalı)

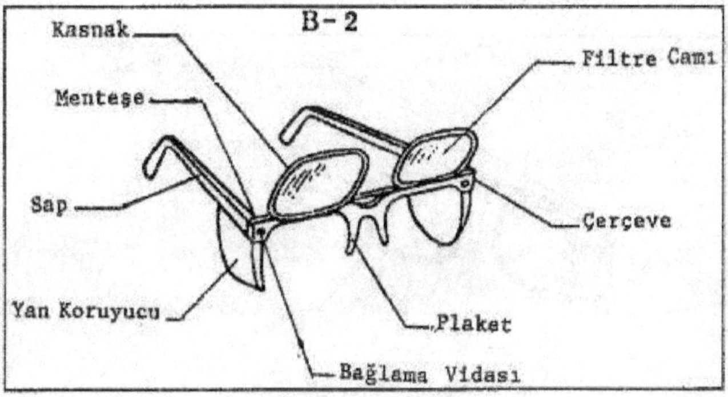


**Şekil 6.7:** Bir katı açılır-kapanır koruyucu gözlük

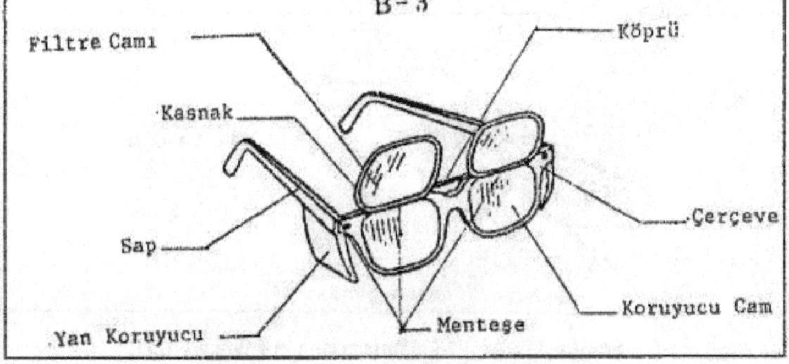


**Şekil 6.8:** İki katlı, üst katı açılır-kapanır koruyucu gözlük

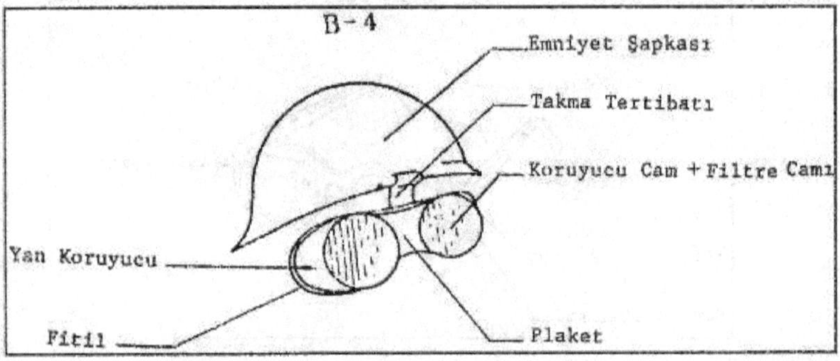


**Şekil 6.9:** Emniyet şapkasına takılı koruyucu gözlük

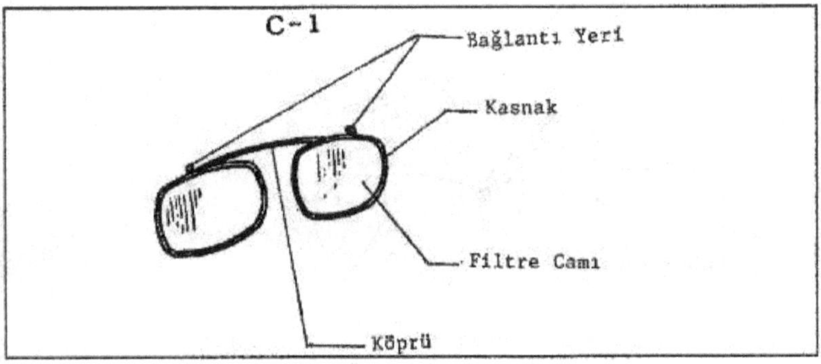


**Şekil 6.10:** Sabit takma koruyucu gözlük

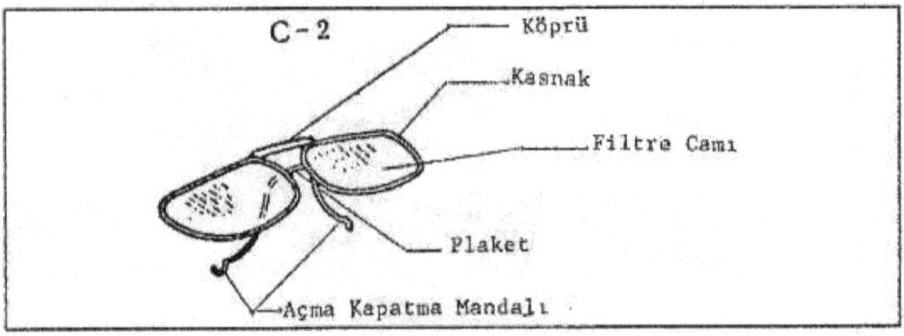


**Şekil 6.11:** Açılır-kapanır takma koruyucu gözlük

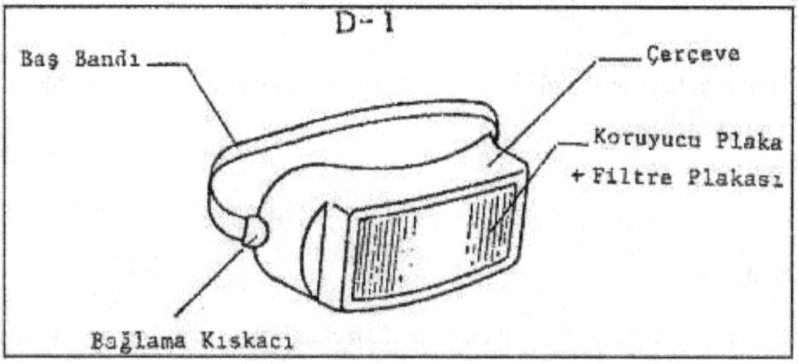


**Şekil 6.12:** Kutu tipi koruyucu gözlük

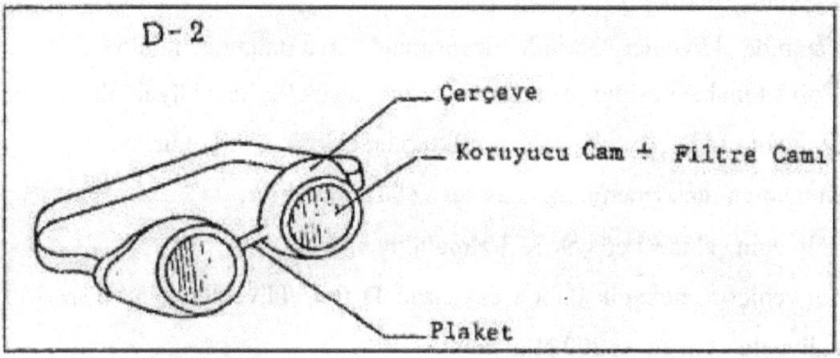


**Şekil 6.13:** Fincan tipi koruyucu gözlük

## 6.2 Kaynakçılar İçin Koruyucu Eldivenler ( TS 7306/Mayıs 1989)

### 6.2.1 Koruyucu Eldiven

Koruyucu eldiven, mekanik, kimyevi, elektrikli, termik tesirlere ve/veya ultraviyole ışınlara karşı elleri korumak maksadı ile imal edilen eldivendir.

### 6.2.2 Kapsam

Bu standart, kaynak ve kesme esnasında mekanik, termik zorlanmalara, optik ışınımlara karşı elleri koruyan ve elektriğe karşı, yalıtımı sağlayan deriden yapılmış eldivenleri kapsar.

### 6.2.3 Sınıflandırma

Bu standardın kapsamına giren eldivenler biçimlerine göre iki tipe ayrılır.

- 3 parmaklı (D)
- 5 parmaklı (F)

### 6.2.4 Özellikler

- Eldivenlerin yapımında kullanılacak malzeme D sınıfı için, yumuşak deri (yumuşak yarma deri); F sınıfı için, çok yumuşak deri (yumuşak sırçalı deride olduğu gibi mesela napa derisi); Eldiven ayasının takviyesi için yumuşak deri yeterlidir. Eldiven ağzı için daha az yumuşak bir deri kullanılmalıdır.
- Eldivenler deriden yapılmalıdır.
- Yapımda eldivenler üzerinde hiçbir metal parça bulunmamalıdır.
- Eldiven malzemesinin pH değeri 3,5'dan küçük 9,5'dan büyük olmamalıdır.
- Eldivenin suda çözünen madde miktarı en çok % 2 olmalıdır.
- Kullanılan malzemenin uzaması en az % 8 olmalıdır.
- Eldivenin çekmesi en çok % 3 olmalıdır.
- Eldivenlerin mekanik delme dayanımı D tipi eldivenler için en az 150 N, F tipi eldivenler için en az 200 N olmalıdır.
- Eldiven alev kaynağına maruz bırakılıp tutuşturulduktan sonra alev kaynağı uzaklaştırıldığında alev yanma süresi en çok 2 saniye kızarık kalma süresi en çok 5 saniye olmalıdır.
- Eldivenlerin su buharı emme özelliği en az 8 $mg/cm^2$ olmalıdır,
- Eldivenlerin su buharı geçirgenliği en az saatte 2 $mg/cm^2$ olmalıdır.
- Eldivenlerin hacim özdirenci ($R_D$) $10^5$ Ω'dan daha küçük olmamalıdır.
- Aksi belirtilmedikçe eldivenlerin su geçirme zamanı deney başlangıcından itibaren en az 30 dakika olmalıdır.

Bu standarda göre eldivenlerin boyut ve toleransları TS 6973'e uygun olmalıdır.

## 6.3 Kişisel Göz Koruma-Kaynak ve İlgili Teknikler İçin Filtreler- Koruma Kapasitesi Değerleri ve Tavsiye Edilen Kullanım (EN 169/Ekim 1992)

### 6.3.1 Koruma Kapasitesi Değerleri

Koruma kapasitesine ait değerler çizelge 6.3'de verilmiştir.

**Çizelge 6.3:** Koruma kapasitesi değerleri

| Filtre Numarası | Mor ötesi ışınların maksimum geçirgenliği $\tau(\lambda)$ | | Görünür ışınların geçirgenliği $\tau_V$ | | Kızıl ötesi ışınların maksimum geçirgenliği $\tau_A$ |
|---|---|---|---|---|---|
| | **313 nm** % | **365 nm** % | **Maksimum** % | **Minimum** % | **780 nm'den 1400 nm'ye kadar** % |
| **1,2** | 0,0003 | 50 | 100 | 74,4 | 69 |
| **1,4** | 0,0003 | 35 | 74,4 | 58,1 | 52 |
| **1,7** | 0,0003 | 22 | 58,1 | 43,2 | 40 |
| **2,0** | 0,0003 | 14 | 43,2 | 29,1 | 28 |
| **2,5** | 0,0003 | 6.4 | 29,1 | 17,8 | 15 |
| **3** | 0,0003 | 2,8 | 17,8 | 8,5 | 12 |
| **4** | 0,0003 | 0,95 | 8,5 | 3,2 | 6,4 |
| **5** | 0,0003 | 0,30 | 3,2 | 1,2 | 3,2 |
| **6** | 0,0003 | 0,10 | 1,2 | 0,44 | 1,7 |
| **7** | 0,0003 | 0,050 | 0,44 | 0,16 | 0,81 |
| **8** | 0,0003 | 0,025 | 0,16 | 0,061 | 0,43 |
| **9** | 0,0003 | 0,012 | 0,061 | 0,023 | 0,20 |
| **10** | 0,0003 | 0,006 | 0,023 | 0,0085 | 0,10 |
| **11** | 0,0003 | 0,0032 | 0,0085 | 0,0032 | 0,050 |
| **12** | 0,0003 | 0,0012 | 0,0032 | 0,0012 | 0,027 |
| **13** | 0,0003 | 0,00044 | 0,0012 | 0,00044 | 0,014 |
| **14** | 0,00016 | 0,00016 | 0,00044 | 0,00016 | 0,007 |
| **15** | 0,000061 | 0,000061 | 0,00016 | 0,000061 | 0,003 |
| **16** | 0,000023 | 0,000023 | 0,000061 | 0,000023 | 0,003 |

### 6.3.2 Filtrenin Seçimi ve Kullanılması

#### a) Genel

Kaynak ve ilgili teknikler için uygun filtre derecesinin seçilmesi birçok faktörü gerekli kılmaktadır. Örneğin plazma jeti kaynağı gibi gaz kaynağı ve ilgili teknikler için, bu standart torçtan akış hızını kullanır. Dolayısıyla, hafif alaşımların kaynağında yayılan ışığın tayf kompozisyonunu etkileyen dekapanların karakteristikleri hesaplanmalıdır.

Ark kaynağı, ark oluk açma ve plazma jet kaynağında bir muhtemel doğru çözüm bulmada akım gerekli bir faktördür, İlave olarak, ark kaynağı için, arkın ve ana metalin tipi ayrıca dikkate alınmalıdır. Diğer parametrelerin önemli bir etkisi olabilir, fakat etkilerini değerlendirmek güçtür. Bu etkiler:

- Operatörün, alev veya arka yakınlık pozisyonu. Örneğin, operatörün işe eğilmesi veya kol mesafesinin uyumu en azından filtre derecesi için gerekli olabilir.
- Lokal aydınlatma
- İnsan faktörü

olabilir.

Bu tür nedenlerden dolayı, bu standartlarda sadece operatörlerin normal görüşle belirli bir işi yerine getirirken, kişisel koruma için normal olaylarda geçerli olan filtre numaralan verilmiştir. Kullanılacak filtrenin numarası tablolardan okunabilir. Bu tablolar, ortalama çalışma koşulları, kaynakçının gözünün ergimiş metal havuzundan yaklaşık olarak 50 cm mesafede olduğu şartlar için geçerlidir.

#### b. Gaz Kaynağında Kullanılan Filtre Numaraları

Gaz kaynağında kullanılan filtre numaralan çizelge 6.4'de verilmiştir.

**Çizelge 6.4:** Gaz kaynağında kullanılan filtre numaraları

| İş | q= Saatte tüketilen asetilen miktarı, (l/h) | | | |
|---|---|---|---|---|
| | q≤70 | 70<q ≤200 | 200<q ≤ 800 | q>800 |
| Ağır metallerin kaynağı[2)] | 4 | 5 | 6 | 7 |
| Yayılıcı dekapanlarla kaynak (özellikle hafif metaller) | 4a | 5a | 6a | 7a |

1) Kullanma şartlarına göre bir önceki veya bir sonraki derece kullanılabilir.
2) "Ağır metaller" terimi çelikler, çelik alaşımları, bakır ve alaşımları vs için kullanılır.

**c) Oksijenle Kesmede Kullanılan Filtre Numaraları**

Oksijenle kesmede kullanılan filtre numaralan çizelge 6.5'de verilmiştir.

**Çizelge 6.5:** Oksijenle kesmede kullanılan filtre numaralan [1)]

| İş | q= Saatte tüketilen asetilen miktarı (l/h) | | |
|---|---|---|---|
| | 900≤ q ≤ 200 | 2000 ≤ q ≤ 4000 | 4000 ≤ q ≤ 8000 |
| Oksijenle kesme | 5 | 6 | 7 |
| 1) Kullanma şartlarına göre bir önceki veya bir sonraki derece kullanılabilir. | | | |

**d) Plazma Jeti ile Kesmede Kullanılan Filtre Dereceleri**

Plazma jeti ile kesmede kullanılan filtre dereceleri çizelge 6.6'da verilmiştir.

**e) Elektrik Ark Kaynağı ve Arkla Oluk Açma İçin Kullanılan Filtre Dereceleri**

Elektrik ark kaynağı ve ark oyma için kullanılan filtre dereceleri çizelge 6.6'da verilmiştir. Çizelgede gösterilen kısaltmalar ISO 4063'e göre sırasıyla açıklanacak olursa:

- MIG sembolü, koruyucu asal gaz ile yapılan metal ark kaynağını gösterir.
- MAG sembolü, koruyucu aktif gaz ile yapılan metal ark kaynağını gösterir.
- TIG sembolü, tungsten asal gaz kaynağını gösterir.
- Hava arkı ile oluk açma bir karbon elektrotu ve ergimiş metali uzaklaştırmak için sıkıştırılmış hava lülesi kullanımını gösterir.

**Çizelge 6.6:** Kaynak yöntemi ve akım şiddetlerine göre filtre dereceleri

| KAYNAK PROSESİ VEYA İLGİLİ TEKNİKLER | AKIM ŞİDDETİ (A): 0,5 1 2,5 5 10 15 20 30 40 60 80 100 125 150 175 200 225 250 275 300 350 400 450 500 |
|---|---|
| ÖRTÜLÜ ELEKTROTLAR | 9, 10, 11, 12, 13, 14 |
| AGIR METALLERDE [2] MIG | 10, 11, 12, 13, 14 |
| HAFIF ALASIMLARDA MIG | 10, 11, 12, 13, 14, 15 |
| TÜM METAL VE ALASIMLARDA TIG | 9, 10, 11, 12, 13, 14 |
| MAG | 10, 11, 12, 13, 14, 15 |
| HAVA ARKI ILE OLUK AÇMA | 10, 11, 12, 13, 14, 15 |
| PLAZMA JETI ILE KESME | 11, 12, 13 |
| MIKROPLAZMA ARK KAYNAGI | 2,5, 3, 4, 5, 6, 7, 8, 9, 10, 11, 12, 13, 14, 15 |

1) KULLANMA SARTLARINA GÖRE, BIR ÖNCEKI VEYA SONRAKI DERECE KULLANILABILIR.
2) 'AGIR METALLER' TERIMI ÇELIKLER, ÇELIK ALASIMLARI, BAKIR VE ALASIMLARI IÇINDIR.

NOT: TARALI ALANLAR, KAYNAK ISLEMLERININ GENELLIKLE KULLANILMADIGI ALANLARI GÖSTERMEKTEDIR.

**f) Kaynakçı Yardımcıları Tarafından Kullanılan Filtre Dereceleri**

Kaynak operasyonlarının yapıldığı alanda bulunan kaynakçı yardımcıları ile diğer personelin korunması gerekir. Bu amaçla 1,2'den 4'e kadar filtre derece numaraları kullanılır. Bununla birlikte, risk seviyeleri gerektirirse, yüksek filtre derece numaraları kullanılmalıdır. Özellikle, kaynakçı ile arkasında bulunan kaynakçı yardımcıları yakın mesafede bulunuyorsa, her ikisi de aynı derece numaralı filtreleri kullanmalıdır.

g) **Çeşitli Uyarılar**

- Çizelge 6.4, 6.5 ve 6.6'da belirlenmiş olan koruma, kızıl ve mor ötesi ışınlar için yeterlidir. Yüksek filtre derece numaralarının gerekmediği halde tercih edilmesi daha iyi koruma sağlamadığı gibi çeşitli zararlara da meydan vermektedir.
- Çizelgeden seçilen filtrelerin kullanılmasında bir rahatsızlık hissi meydana gelirse, çalışma alanı ve operatörün görüş sahası incelenmelidir.
- Çok koyu filtre derecesinin kullanılması, operatörü ışıma, merkezine daha da yaklaşmaya ve zararlı dumanları solumasına sebep olacaktır.
- Dışarıda açık havada kuvvetli ışık altında yapılan iş için, bir numara daha koyu filtre derecesi kullanılabilir.

## 6.4 Kaynak ve Bağlı İşlemleri Sırasında Göz ve Yüz Koruması İçin Donatım ( EN 175/Ağustos 1997 )

Bu standart, genel kaynak, kesme veya benzer işlemlerde zararlı optik ışın veya diğer belirli tehlike risklerine karşı operatörün yüzünü ve gözlerini korumada kullanılan kişisel koruyucu donatımın emniyet gereksinim ve test metotlarım nitelemektedir. Bu standart ışıma, yanma, mekanik ve elektrik tehlike veya risklerine karşı ergonomik yönden korumayı niteler. Başlıklar, lazer koruma donatımı ve özel kaynak işlemleri bu standarda dâhil edilmemiştir.

Standart konulan içerisinde el koruyucusunun minimum yüksekliğinin 350 mm, minimum genişliğinin 210 mm ve göz hizasından olan uzaklığının en az 75 mm olması; maske ağırlığının 450 gr.ı geçmemesi gibi ölçülere dayalı ve çeşitli elektrik akımları için, ergimiş metal parçaları ve ark ışınları için uygulanması gereken test metotları incelenmektedir.

## 6.5 Kaynak ve Bağlı Proseslerde Kullanılan Koruyucu Elbise (EN 470-1/Haziran 1998)

Bu standartta, koruyucu elbise kullanmak suretiyle çalışanların ergimiş metal sıçramalarından, alevle kısa süreli temastan, ultraviyole ışımadan ve 8 saat süreli ısı atmosferinden korunması amaçlanmaktadır. Koruyucu elbise baş, el ve ayaklar hariç kullanıcının gövdesinin aşağı ve yukarısını, boynunu, kol ve bacaklarını korumayı sağlayan belirli giysileri ifade etmektedir.

### 6.5.1 Genel

Genel ihtiyaçlar EN 340 ile uyum içinde olmalıdır. Kaynakçı koruma giysileri vücudun belirli alanlarını korumak için dizayn edilebilir. Örneğin kolluklar, önlükler, tozluklar gibi. Kaynakçı koruyucu giysisi, dışarıdan içeriye elektrik iletimini önleyecek şekilde tasarlanmalıdır. Metal kopçalar örtülü olmalıdır.

### 6.5.2 Büyüklükler

Elbise büyüklükleri EN 340 ihtiyaçları ile uyumlu olmalıdır. Koruyucu giyecekler pantolon üst hizasını geçecek yeterlikle uzun olmalıdır.

### 6.5.3 Cepler

Koruyucu giyeceklere cep konulmuş ise cepler aşağıdaki dizayna göre imal edilmelidir:

- Dışa açık tüm cepler alev yayılmasına ve ergimiş metal damlalarının etkisine karşı dayanıklı olmalıdır.
- Dışa açık cepler, elbise yan çizgilerinin gerisinde olmalıdır.
- Tüm kapaklar aşağı dönük olarak dikilmiş olmalıdır. Cep kapakları cepten en az 20 mm daha geniş olmalıdır. Böylece kapağın cebin içine kıvrılması önlenebilir.

### 6.5.4 Pantolonlar

Pantolonlar, erimiş metal parçacıklarının birikmesini sağlayacak açıklık veya kıvrım oluşturmayacak şekilde dizayn edilmelidir. Pantolonlar pilili veya yukarı katlı olmamalıdır. Yan yırtmaçları var ise örtülmelidir.

### 6.5.5 Uyarılar

- Bu standarda göre üretilen koruyucu elbise, tutuşmuş bir alev ile kazara temasa karşı koruma sağlamaz. Deriyi kaynak veya kesme sırasında küçük ergimiş metal parçalarına karşı korur.
- Koruyucu giysi ultraviyole ışımaya karşı koruma sağlar.
- İşlemsel nedenlerden dolayı tüm elektrik taşıyan parçalarla temastan koruması mümkün değildir. Sadece elbise ile koruma sağlanamaz; çünkü elbise yaş veya nemli olduğunda izolasyon etkisi azalmaktadır.
- Uygun deri malzemeler, kaynak ve bağlı prosesleri için gerekli koruma derecesi meydana getirirler.

## 6.6 Ark Kaynak Prosesleri İçin Şeffaf Kaynak Perdeleri, Şeritleri ve Ekranları (EN 1598/Ocak 1998)

Bu standart, ark kaynak prosesleri uygulanırken çalışma alanım çevresinden tecrit etmede kullanılan kaynak perde, şerit ve ekranlarını emniyet gereksinimlerini belirtir. Bu standarttaki ekran, şerit ve perdeler kaynak filtrelerinin yerine kullanılmamaktadır. Filtreler EN 169'da zaten belirtilmiştir. Bu standart lazer ışınının kullanıldığı kaynak prosesleri için uygulanamaz.

Bu standartta şeffaf perdelere, şeritlere ve ekranlara çeşitli dalga boylamda ışınlar tutularak geçirgenlik oranlarının hesaplandığı ve uygun olup olmadığına karar verildiği testler anlatılmaktadır.

# 7. SONUÇ VE ÖNERİLER

Kaynak işlerinde doğal risk faktörlerinin varlığı, beşeri faktörler ile birleştiğinde tehlikeler kaçınılmaz olmaktadır. Amaç, hem kaynak işlerindeki risk faktörlerini hem de beşeri risk faktörlerini minimum seviyeye düşürmek ve en nihayetinde de ortadan kaldırmak olmalıdır.

Yapılması gereken ilk şey, çalışan kişilerin kendi emniyet ve sağlıklarını bir prensip olarak koruma bilincinin oluşturulmasıdır. Çünkü bilinçten yoksun kişiler kendilerine en uygun şartlar sağlansa bile gerekli tedbirleri yerine getirmeyerek kendilerini ve çevredeki diğer çalışanları zaten fazlasıyla riske sokacaklardır. Günübirlik yaşayan kişilerle, işyerinde sağlık ve güvenliği bir yere götürmeye olanak yoktur. Bu sebeple ilk iş çalışanlarda güvenlik bilincinin uyandırılmasıdır. Örnek olarak çalışma sahasında sigara kullanımının sınırlandırılması prensip edinme açısından bir başlangıç olabilir.

Birçok iş yeri sahibinin, iş güvenliği sorumluluğunun sadece çalışana ait olduğunu düşünmesi ve kendisini ilgilendirmediğini düşünmesi sorunların meydana gelmesinde önemli bir basamak teşkil etmektedir. Çalışanlarda güvenlik bilinci oluşturmak için sorumlulukları gereği iş yeri sahipleri taralından periyodik eğitim ve kursların düzenlenmesi gerekir. İş yeri sahipleri tarafından, çalışanların güvenlik ve sağlık tedbirlerini tam manasıyla uygulayıp uygulamadıkları sık sık kontrol edilmelidir.

Bir diğer konu, kazaların önlenmesi için harcanan paraların iş yeri sahiplerince gereksiz olarak görülmesidir. Ancak hu yatırımın uzun vadede iş verimi ve işçilere moral getireceği için ilerde işverene pozitif bir katkı olarak mutlaka geri döneceği unutulmamalıdır.

Sağlık ve güvenlik ile ilgili konularda çalışan kişilerle iş yeri yönetimi arasında koordinasyon sağlanarak ortak kararlar alınmalıdır. Başta ergonomik iyileştirmeler olmak üzere alınacak ortak kararların herkes tarafından benimsenmesinin verimliliği ve iş motivasyonunu arttıracağı muhakkaktır. Bu sebeple çalışan kişilerden gelebilecek her türlü teklifi değerlendirmek gerekir. Sağlık ve güvenlik ile ilgili daha önceden edinilen tecrübelerden faydalanmak gerekir. Başta Avrupa Standartları (EN) olmak üzere hazırlanmış standartlar, bu tecrübelerin bilimsel olarak denendiği ve birleştirildiği başvuru kaynaklarıdır. Bu standartlara her zaman öncelikle başvurulması gerekir.

Yine standartlarda özellikleri belirtilmiş olan kişisel koruyucu malzeme gereksiniminin en aza indirilmesi ve titizlikle kullandırılması, üzerinde durulması gereken önemli bir konudur. Koruyucu donanımın kullanılması sırasında sırf koruma görevi yerine getirilmiş olsun diye rastgele malzeme seçilmemeli, amacına uygun yeterli koruma seviyeleri sağlanmalıdır.

Netice olarak her işin başında önce insan düşünülmeli; hiçbir şeyin insan hayatından daha önemli olamayacağı herkesin asgari müşterek noktası olmalıdır. Böyle bir asgari müşterekte buluşulduğu zaman, sorunlar kendiliğinden çözülmeye başlayacaktır.

# KAYNAKLAR

American Welding Society, Safety and Fact Sheet No.1, Fumes and Gases, 1995. (http ://www. aws. org/tecnical/FACT-PDF,BXE/F ACT-01 .PDF.)

American Welding Society, Safety and Fact Sheet No. 12, Contact Lens Wear, 1997. (http://www.aws.org/tecnical/FACT-PDF.EXE/FACT-12.PDF.)

American Welding Society, Safety and Fact Sheet No, 13, Ergonomics İn The Welding Environment, 1995. (http ;//www.aws.org/tecnical/FACT-PDF.EXE/FACT-13 PDF.)

American Welding Society, Safety and Fact Sheet No. 16, Pacemakers and Welding, 1997. (http://www.aws.org/tecnicaFFACT-PDF.EXE/FACT-16.PDF.)

American Welding Society, Safety and Fact Sheet No. 18, Lockout/Tagout, 1997. (http://www.aws.org/tecmcal/FACT-PDF.EXE/FACT-18.PDF.)

American Welding Society, Safety and Fact Sheet No.19, Laser Welding and Cutting Safety, 1998, (http://www.aws.org/tecnicaFFACT-PDF.EXE/FACT~19.PDF.)

American Welding Society, Safety and Fact Sheet No.2, Radiation, 1.997. (http://www.aws.org/tecmcaFFACT-PDF.EXE/FACT-02.PDF.)

American Welding Society, Safety and Fact Sheet No.3,Noise , 1997, (http://www.aws.org/tecmcaFFACT-PDF.EXE/FACT-03.PDF.)

American Welding Society, Safety and Fact Sheet No.5, Elektrical Hazards, 1997, (http://www.aws.org/tecmcaFFACT-PDF.EXE7FACT-05.PDF.)

American Welding Society, Safety and Fact Sheet No.6, Fire and Explosion Prevention, 1995. (http;//www.aws.org/tecnical/FACT-PDF EXE/FACT-06.PDF.)

American Welding Society, Safety and Fact Sheet No,7, Burn Protection, 1995, (http://www.aws. org/tecnical/FACT-PDF.EXE/F ACT-07 .PDF.)

American Welding Society, Safety and Fact Sheet No,8, Mechanical Hazards, 1995. (http://www.aws.org/tecnical/FACT-PDF.EXE/FA.CT-08.PDF.)

American Welding Society, Safety and Fact Sheet No,9, Tripping and Falling, 1995. (http://www.aws.org/tecmcal/FACT~PDF.EXE/FACT~09 .PDF.)

Anık, S. ve Vural, M., Gedik Eğitim Vakfı, Kaynak Teknolojisi Eğitim, Araştırma ve Muayene Enstitüsü, Yayın No: 3, Gazaltı Ark Kaynağı, s. 254-261, İstanbul, 1996

Anık, S., Anık, S. E. ve Vural, M., 1000 Soruda Kaynak Teknolojisi, Cilt I, Kaynak Yöntemleri ve Donanımları, s. 317-333, Birsen Yayınevi, İstanbul, 1993.

Anık, S., Kaynak Tekniği El Kitabı, Yöntemler ve Donanımlar, s. 216-222, İstanbul, 1991.

Demir, M., Elektrik Akımının İnsan Vücuduna Etkileri, Mühendis ve Makine, Cilt 40, Sayı 472, s. 46, 1999.

Gary, M.L., Ontario Ministry of Labour Final Report, 1996.

Grothe, I. und Kraume, G., Arbeitsschutz Beim Schweıssen: Unfallverhütung und Gesundheitsschutz in der Schweisstechnik, D VS Verlag, Düsseldorf, 1996.

Güzel, İ., Elektrik Ark Kaynağında İş Güvenliği, Askaynak, Kaynak Teknolojisi, Sayı 2, 1991.

Kaluç, E., Kaynakta Gaz ve Duman Tehlikesi Azaltılabilir, Kaynak Dünyası, Sayı 3, 1991.

Kartal, P., Gazaltı Kaynak Tekniğinde Emniyet, Askaynak, Kaynak Teknolojisi, Sayı 1, s. 26, 1991.

Turhan, M, Gaz Metal Ark: Kaynağında Çalışma Ortamına, Metal Oksit Dumanlan (MOD) ve Gaz Yayılması, Mühendis ve Makine, Cilt: 37, Sayı:432, s. 39-43, 1996.

*TWI Job Knowledge far Welders: Part 27, Oxyacetylen Welding, Cutting and Heating, (http://www.twi.co,uk/bestprac/jobknol/jk27.html.)

TWI Job Knowledge for Welders: Part 28. Elektrical Hazards-Power Sourcess and Installation. (http://www,twi.co.uk/bestprac/jobknol/jk28 ,html.)

TWI Job Knowledge for Welders: Part 29. Arc Welding. (http://www.twi.co.uk/bestprac/jobknol/jk29.html.)

TWI Job Knowledge for Welders: Part 30. Health Risk OfWelding Fume/Gases. http://www.twi.co.Uk/bestprac/jobknol/j k30.html.

TWI Job Knowledge for Welders: Part 31. Health Risk From Füme and Gases During Welding. (http://www.twi.co.uk/bestprac/jobknol/jk31.html.)

TWI lob Knowledge for Welders: Part 32: Control of welding füme. (http://www.tM.co.uk/bestprac/jobknol/jk32.html.)

The Radiation Protection Service of Occupational Health and Safety Branch, Ontario Ministry of Labour, August 1994. (http//www.gov.on.ca/LAB/ohs/uvrade.htm.)

Yılmaz, G., Elektrikte Güvenlik, Mühendis ve Makine, cilt 39, sayı 461, TMMOB, 1998.

*TWI: The Welding Institute.

FSC
www.fsc.org
MIX
Papier | Fördert
gute Waldnutzung
FSC® C083411

Kolibri 360 GmbH
Ferdinand-Jühlke-Straße 7
99095 Erfurt, Deutschland
produktsicherheit@kolibri360.de

Druck:
CPI Druckdienstleistungen GmbH
im Auftrag der
Kolibri 360 GmbH
Ferdinand-Jühlke-Str. 7
99095 Erfurt